EUWE, URTEIL UND PLAN IM SCHACH

DR. MAX EUWE

URTEIL UND PLAN
IM SCHACH

3., verbesserte und erweiterte Auflage

Mit einem Beitrag von Kurt Richter

WALTER DE GRUYTER & CO.
BERLIN 1968

Deutsche Übersetzung: Kurt Richter, Berlin

Titel des holländischen Originals:

Oordeel en Plan, Copyright G. B. van Goor Zonen's U. M. N. V.,

S-Gravenhage, Nederland

Unveränderter Nachdruck 1976

Vorwort

In einem Gespräch mit dem bekannten englischen Schachschriftsteller J. du Mont entstand der Gedanke, mehrere Artikel über „Urteil und Plan", den wesentlichen Inhalt unseres Denkprozesses im Schach, zu schreiben. Diese Reihe von Aufsätzen, deren erste im „British Chess Magazine" (unter der seinerzeitigen Hauptredaktion des Herrn du Mont) zum Abdruck kamen, wurde später zu dem vorliegenden Buch erweitert. Ich hoffe, daß dieses ebenso freundlich aufgenommen wird wie die Teilpublikationen, die bisher im englischen „B. C. M.", dänischen „Skakbladet", holländischen „Schaakmat" und in der deutschen Zeitschrift „Caissa" erschienen.

Herrn du Mont bin ich für die Grundidee und weitere Anregungen zu Dank verpflichtet; ebenso für die sorgfältige englische Übersetzung, die er dem Werk gegeben hat.

Amsterdam, Frühjahr 1956   *Max Euwe*

Zur zweiten Auflage

Der Text wurde gestrafft, einige weniger geeignete Beispiele wurden gestrichen, so daß das Ganze noch an einheitlicher Geschlossenheit gewonnen hat.

Mai 1961

Zur dritten Auflage

Der bewährte Text der zweiten Auflage wurde beibehalten und ein elfter Abschnitt „Schnappschüsse aus der Praxis" angefügt, der noch einmal an besonders geeigneten Beispielen die Wechselwirkung zwischen Urteil und Plan aufzeigt.

Dezember 1967.   *Kurt Richter*

Inhalt

Einleitung

Wer die Grundregeln des Schachspiels beherrscht und bereits daran geht, zu kombinieren, zwei oder drei Züge im voraus zu rechnen oder in einfachen Stellungen sogar vier, bemerkt bald, wenn er auf stärkere Spieler trifft, daß seine Entwicklung plötzlich stagniert. Er verliert Partien, ohne genau die Ursache zu erkennen; er rechnet bestimmte Zugreihen so tief als er kann und muß dann feststellen, daß sein Gegner in ganz anderer Richtung gedacht hat — kurz, er verliert allen Halt, den er im vorigen Stadium noch besessen hat. Er lernt Eröffnungsvarianten auswendig, ohne ihren Sinn zu begreifen mit dem Erfolg, daß er nicht weiß, weshalb die Theorie manche erreichte Stellung als günstig ansieht und noch weniger, wie der etwa erzielte Vorteil zu verwerten ist.

Es ist ein neues Element in den Schachkampf gekommen: das sogenannte Positionsgefühl, das man nicht von heute auf morgen bekommen kann. Zieht man die Lehre aus Erfahrungstatsachen und vergleicht sie miteinander, so wächst allmählich das Vermögen, sich in jeder beliebigen Stellung ohne genaue Berechnung ein Urteil zu bilden.

Man muß erst urteilen und beurteilen, ehe man einen Plan entwerfen kann. Ebenso wie der Arzt, der zunächst die Diagnose stellen muß, um die Behandlung festlegen zu können, soll auch der Schachspieler erst nach dem Untersuchen der gegebenen Stellung auf Grund der gefundenen Merkmale einen Plan entwerfen. Steinitz' Grundsatz, daß die Planbildung im Schachspiel in Übereinstimmung mit den positionellen Gegebenheiten stehen muß, ist für uns eine Selbstverständlichkeit, brachte aber vor 60 Jahren eine wahre Revolution im Schachdenken hervor.

Urteilen und planen: kommen wir einmal kurz zurück auf das schon gestreifte Thema der Eröffnungsvarianten. Das Theoriebuch urteilt für uns, meistens mittels der Zeichen $\pm$, $=$, $+$ oder $\mp$. Aber dieses Urteil allein reicht nicht aus; wir müssen nicht nur wissen, welche der Parteien besser steht, sondern auch, worauf sich dieses Urteil gründet.

Und damit ist schon der erste Schritt getan, einen Plan zu entwerfen. Die Urteilsbildung und die Plangestaltung bilden das Thema unseres Buches. Sie geben dem Lernenden eine Hilfe, nach höheren Regionen zu streben, in denen nicht der Impuls, sondern die vernünftige Überlegung die Wahl der Züge bestimmt, ohne daß deswegen die Bedeutung dessen, was man „Intuition" nennt, zu kurz kommt.

Forciertes Matt oder großer materieller Vorteil

Die Aufgabe, welche wir uns in der Einleitung gestellt haben, ist so umfangreich und vor allem so verzweigt und kompliziert, daß das Terrain unserer Untersuchung nicht vorsichtig genug sondiert werden kann.

Wir beginnen denn auch mit der Auswertung einiger Stellungen, deren Beurteilung keine anderen Vorkenntnisse erfordert als die Wertverhältnisse der Figuren und keine andere Fähigkeit, als eine erzwungene Zugreihe auf ihre Richtigkeit hin zu prüfen.

Das heißt, wir werden Positionen behandeln — allemal Endpunkte mehr oder weniger bekannter Eröffnungsvarianten —, in denen eine der Parteien über eine zwangsläufige Mattkombination verfügt oder großen materiellen Vorteil erlangt.

Nach 1. e2—e4 e7—e5, 2. Sg1—f3 Sb8—c6, 3. Lf1—c4 Lf8—c5, 4. c2—c3 Sg8—f6, 5. d2—d4 e5×d4, 6. c3×d4, Lc5—b4†, 7. Sb1—c3 Sf6×e4, 8. o—o Lb4×c3, 9. d4—d5! Sc6—e5, 10. b2×c3 Se5×c4, 11. Dd1—d4 Sc4—d6, 12. Dd4×g7 Dd8—f6, 13. Dg7×f6 Se4×f6, 14. Tf1—e1† Ke8—f8, 15. Lc1—h6† Kf8—g8, 16. Te1—e5 Sd6—e4, 17. Sf3—d2! steht Weiß besser, viel besser, ja, gewonnen.

Warum? Weil Matt in zwei Zügen unvermeidlich ist (s. Diagramm 1).

Der schwarze Sf6 darf wegen Te8 matt nicht ziehen und der Se4 nicht wegen Tg5 matt. Das einzige ist also: 17. . . . d7—d6, 18. Sd2× e4! d6×e5, 19. Se4×f6 matt.

Es sind keine Varianten, es gibt keine Probleme.

Ebenso einfach ist die Situation nach

Schwarz am Zuge

1

1. e2—e4, e7—e5, 2. Sg1—f3 Sb8—c6, 3. Lf1—c4 Lf8—c5, 4. b2—b4 Lc5×b4, 5. c2—c3 Lb4—a5, 6. d2—d4 e5×d4, 7. o—o Sg8—f6, 8. Lc1—a3 d7—d6, 9. e4—e5 d6×e5, 10. Dd1—b3 Dd8—d7, 11. Tf1—e1 e5—e4, 12. Sb1—d2 La5×c3, 13. Sd2×e4 Lc3×e1, 14. Ta1×e1 Ke8—d8, 15. Se4—g5 Sc6—a5, 16. Sf3—e5 Sa5×b3.

2

Weiß am Zuge

Weiß erzwingt Matt in vier Zügen:
17. Se5 × f7† Dd7 × f7, 18. Sg5 × f7†
Kd8—d7, 19. Lc4—b5†! c7—c6,
20. Te1—e7 matt.

Auch das folgende Beispiel soll
den Leser kein Kopfzerbrechen
kosten:

1. e2—e4 e7—e5, 2. f2—f4 e5 × f4,
3. Sg1—f3 g7—g5, 4. Lf1—c4
g5—g4, 5. o—o g4 × f3, 6. Dd1 × f3
Dd8—f6, 7. d2—d3 Sb8—c6, 8.
Lc1 × f4 Lf8—g7, 9. Sb1—c3 Sc6—
d4, 10. Df3—f2 d7—d6, 11. Sc3—d5
Df6—d8, 12. e4—e5 c7—c6, 13.
Lf4—g5 Dd8—d7, 14. Sd5—c7†
Dd7 × c7, 15. Lc4 × f7† Ke8—d7.

3

Weiß am Zuge

Es folgt Matt in zwei Zügen:
16. Df2—f5†! Sd4 × f5, 17. e5—e6
matt.

1*

Weniger einfach ist die folgende
Variante, die wie alle vorhergehenden aus Büchern über Eröffnungstheorie stammt.

1. e2—e4 e7—e5, 2. Sg1—f3 Sb8—
c6, 3. Lf1—c4 Lf8—c5, 4. b2—b4
Lc5 × b4, 5. c2—c3 Lb4—a5, 6. d2—
d4 e5 × d4, 7. o—o Sg8—f6, 8.
Lc1—a3 Sf6 × e4, 9. Dd1—b3 d7—
d5, 10. Lc4 × d5 Se4—d6, 11. Lc4 ×
f7† Ke8—f8, 12. Tf1—e1 Lc8—d7,
13. Sb1—d2 La5 × c3, 14. Sd2—c4
Sc6—a5, 15. Sc4 × a5 Lc3 × a5, 16.
Sf3— e5 La5 × e1, 17. Ta1 × e1 Ld7
—c6, 18. Lf7—h5 Dd8—f6, 19. Se5
× c6 g7—g6, 20. Te1—e6 Df6—f5,
21. Sc6 × d4 Df5 × h5.

Weiß am Zuge

4

Weiß setzt nun in 10 (!) Zügen
matt:
22. La3 × d6† c7 × d6.
Es ist lehrreich zu verfolgen, in-
wieweit Abweichungen von der
Hauptvariante das Matt beschleuni-
gen; z. B. 22. ... Kg7, 23. Te7†,
Kh6, 24. Lf4†, g5, 25. Sf5†, Kg6,
26. Df7 matt.

Obschon es an sich nicht so
wichtig ist, ob Schwarz matt wird
oder in großen materiellen Nachteil gerät, ist es für die Pflege
kombinatorischer Fähigkeiten ganz

entschieden von Belang, diese zwei Formen von entscheidendem Vorteil — Matt oder großes materielles Übergewicht — scharf zu scheiden.

23. Te6—f6†   Kf8—g7
Weil die Darlegung eines vollständigen Variantennetzes zu weit führen würde, beschränken wir uns auf die wichtigste Fortsetzung, raten aber dem Leser, alle Verzweigungen sorgfältig zn untersuchen. 24. Tf6—f7† Kg7—h6, 25. Db3 —e3†, Dh5—g5, 26. Sd4—f5† g6 × f5, 27. Tf7—f6†, Kh6—h5, 28. De3—f3†, Dg5—g4, 29. Tf6×f5†, Kh5—h4, 30. g2—g3†, Kh4—h3, 31. Df3—g2 matt.

Die gegebenen Vorbilder hatten dies gemeinsam, daß die Stellung bereits eine zwangsläufige Mattkombination enthielt, so daß unser Thema in diesen Fällen wie folgt abgehandelt wird:

Urteil: Weiß (Schwarz) gewinnt; **Plan:** die gegebene Mattvariante.

Es folgen nun einige Beispiele, in denen die Hauptvariante zwar ebenfalls zum Matt führt, die verlierende Partei jedoch ein- oder mehrmals Gelegenheit hat, mit materiellen Verlusten einstweilen zu entkommen, womit das Schlußspiel etwas seinen zwangsläufigen Charakter verliert.

Ein belangreiches Abspiel der sogenannten Wiener Variante ist das folgende: 1. d2—d4 d7—d5, 2. c2—c4 e7—e6, 3. Sg1—f3 Sg8—f6, 4. Lc1—g5 Lf8—b4†, 5. Sb1—c3 d5 × c4, 6. e2—e4 c7—c5, 7. Lf1 × c4 c5 × d4, 8. Sf3 × d4 Dd8—a5, 9. Lg5 × f6 Lb4 × c3†, 10. b2 × c3 Da5 × c3†, 11. Ke1—f1 Dc3 × c4†, 12. Kf1—g1 o—o, 13. Dd1—g4.

5

Schwarz am Zuge

Es ist nun für die Beurteilung der Wiener Variante äußerst wichtig festzustellen, ob dieses Abspiel tatsächlich zu konkretem und entscheidendem Vorteil führt — oder ob wir uns mit dem Schlagwort begnügen müssen: „Weiß hat Angriffschancen". Das letztere brauchen wir doch nicht, denn Weiß kann in der Tat Matt oder Damenverlust erzwingen. Es folgt:

13. . . . g7—g6 (Erzwungen), 14. Dg4—f4, Sb8—d7, 15. e4—e5 Sd7 × f6, 16. e5 × f6 (noch immer droht Dh6 mit undeckbarem Matt) 16. . . . Kg8—h8, 17. Ta1—c1 (Ein wesentlicher Zwischenzug, welcher in erster Linie dazu dient, den Turm einem Angriff der schwarzen Dame zu entziehen.) 17. . . . Dc4—d5 (andere Züge sind schlechter) 18. Df4—h6 Tf8—g8, 19. Sd4—f3! (Droht 20. Sg5 und matt; Schwarz kann nun zwar stets seine Dame gegen den weißen Springer opfern,

doch hat dann Weiß entscheidenden materiellen Vorteil.)

Schwarz kann nun versuchen, auf zweierlei Weise das Matt zu decken:

1. 19. ... g6—g5, 20. h2—h4!

    a) 20. ... Tg8—g6, 21. Dh6—f8† Tg6—g8, 22. Df8×f7 Dd5—d7, 23. Sf3—e5! Dd7—d2 (Schwarz kann die Dame wegen Matt nicht schlagen und auf andere Damenzüge folgt der gleiche Schluß.) 24. Df7×h7† Kh8×h7, 25. h4×g5 matt.

    b) 20. ... e6—e5 (Um h7 durch Lf5 zu schützen.) 21. Tc1×c8! Ta8×c8, 22. Sf3×g5 Tc8—c1† (Schwarz kann h7 nicht decken, ohne f7 im Stich zu lassen.) 23. Kg1—h2, Tc1×h1†, 24. Kh2×h1, Tg8×g5 (Es gibt nichts Anderes.) 25. h4×g5 und Schwarz hat keine Parade gegen das auf g7 drohende Matt.

2. 19. ... Dd5—h5, 20. Sf3—g5! (ein überraschendes Damenopfer!) Schwarz kann die Drohung 21. Sf7: matt nur auf Kosten seiner Dame parieren.

———

1. d2—d4 d7—d5, 2. c2—c4 e7—e6, 3. Sb1—c3 Sg8—f6, 4. Lc1—g5 Sb8—d7, 5. e2—e3 Lf8—e7, 6. Sg1—f3 b7—b6?, 7. c4×d5 e6×d5, 8. Lf1—b5 Lc8—b7, 9. Sf3—e5 0—0, 10. Lb5—c6 Lb7×c6, 11. Se5×c6 Dd8—e8, 12. Sc6×e7† De8×e7, 13. Sc3×d5 De7—e4, 14. Sd5×f6† g7×f6, 15. Lg5—h6 De4×g2.

6

Weiß am Zuge

Weiß kommt nun mit dem überraschenden Zug 16. Dd1—f3! in entscheidenden Vorteil, da 16. ... Dg2×f3 nach 17. Th1—g1† Kg8—h8, 18. Lh6—g7† Kh8—g8, 18. Lg7×f6† zum Matt führt, während bei 16. ... Dg2—g6, 17. Lh6×f8 Ta8×f8, 18. 0—0—0 Weiß die Qualität mehr besitzt bei unvermindertem Angriff.

Im Hinblick auf diese letzte Stellung entsteht wahrscheinlich die Frage: was ist mein **Plan**, wie kann ich den materiellen Vorteil in Gewinn umsetzen? Es würde eine umfangreiche und undankbare Aufgabe sein, ein Buch über dieses Thema zu schreiben. Es gibt stets soviele Gewinnwege, daß im allgemeinen keine besonderen Probleme entstehen. Doch ist es vielleicht nicht überflüssig, über dieses Thema einige allgemeine Bemerkungen zu machen.

1. Die große Linie des Spiels in solchem Falle ist es, durch Tausch zu vereinfachen.

Dabei muß jedoch folgendes berücksichtigt werden:

a) nicht Tausch um jeden Preis; das heißt, Tausch, der die Stellung verschlechtert, unter Umständen sogar soweit verschlechtert, daß unser materielles Übergewicht seine Kraft verliert.

b) Die Endspiele Turm und Läufer gegen Turm, Turm und Springer gegen Turm, Turm gegen Läufer und Turm gegen Springer sind remis — einige besondere Fälle ausgenommen. Man darf also nicht zu weit vereinfachen. Es genügt gewöhnlich vollkommen zum Gewinn, wenn hierbei noch ein einziger Bauer auf dem Brett verbleibt.

2. Denken Sie nicht, daß der Gewinn von allein kommt. Hier nicht und überhaupt nicht im Schachspiel. Soll unser materieller Vorteil zur Geltung kommen, dann muß er wirken. Ein Turm ist nur dann mehr wert als ein Läufer, wenn man versteht, ihn einzusetzen und zur größtmöglichen Wirksamkeit zu verhelfen.

Vermeiden Sie keine Komplikationen, sofern diese kein großes Risiko bedeuten. Es ist ein oft vorkommender Fehler, daß ein erzielter materieller Vorteil die Spieler veranlaßt, „sich zur Ruhe zu setzen", abzuwarten, und so fort. Das ist die denkbar schlechteste Taktik, welche bereits vielen zum Verhängnis geworden ist.

3. Materieller Vorteil kommt am besten im *Angriff* zur Geltung. Spielen Sie also aggressiv, aber natürlich nicht tollkühn.

Hat man die Initiative, dann werden obendrein die Möglichkeiten für einen ungezwungenen Tausch (siehe 1) wesentlich größer.

Wir wollen in diesem Zusammenhang noch etwas näher auf den Endpunkt der soeben behandelten Variante eingehen.

7

Schwarz am Zuge

Schwarz zieht 18. ... Kg8—h8, was durch die Drohung Tg1 so gut wie erzwungen ist.

Jetzt wird Weiß einen Turm nach g1 bringen; doch welchen? „Natürlich den h-Turm", denn nach 19. Tdg1 kann die schwarze Dame noch nach d3. Doch ist dies zu bequem gedacht; man erkennt leicht, daß dieser Damenausfall an 20. Dg4 mit Figurengewinn scheitert. Also (obschon es schließlich keinen großen Unterschied macht, welcher Turm nach g1 geht)

19. Td1—g1   Dg6—h6

Was nun? Weiß hat verschiedene Möglichkeiten:

1. 20. Dc6 mit Bauerngewinn,

2. 20. Tg3, gefolgt von 21. Thg1 mit Fortsetzung des Angriffs (die beste Taktik).

Aber nicht

3. 20. Df4 mit Damentausch, denn dieser würde die weiße Bauernstellung verschlechtern und den Gewinn erschweren (Tausch um jeden Preis!).

6

Zur Not geht
4. 20. Tg4 nebst 21. Df4, weil
dieser Tausch nicht mit besonderen
Nachteilen verbunden ist.

Wie bereits bemerkt, besteht die
beste Fortsetzung für Weiß in
20. Tg1—g3 mit der möglichen
Folge 20. ... c7—c5, 21. Th1—g1
(drohend 22. Tg3—h3, wonach die
schwarze Dame eingeschlossen ist).
Dagegen bedeutet 21. ... c5 × d4
keine Verteidigung wegen 22. Tg3
—h3, Tf8—c8†, 23. Kc1—b1 Dh6—
f8, 24. Df3—f5, und ebensowenig
hilft 21. ... Tf8—c8 wegen 22. Df3
—c6! (oder wieder 22. Th3) und
Weiß gewinnt.

Ja, auch in Stellungen mit materiellem Übergewicht kann man kombinieren. Oder gerade in solchen
Stellungen!

Es folgen noch einige Beispiele, bei
denen das Matt ganz in den Hintergrund gerückt ist und es nur darum
geht, entscheidenden materiellen
Vorteil zu erzielen. Darunter verstehen wir: zwei Bauern oder die
Qualität oder eine Figur (eventuell
gegen 1 oder 2 Bauern), alles unter
normalen Umständen, weiter Turm,
Dame usw. — diese selbst unter
„unnormalen" Umständen.

1. d2—d4 d7—d5, 2. c2—c4 e7—e6,
3. Sb1—c3 Sg8—f6, 4. Sg1—f3
c7—c5, 5. Lc1—g5 c5 × d4, 6.
Sf3 × d4 e6—e5, 7. Sd4—b5 a7—a6,
8. Sc3 × d5 a6 × b5, 9. Sd5 × f6†
(siehe Diagramm 8).

Eine bekannte Falle. Anscheinend
gewinnt Weiß nun die Qualität:
9. ... g7 × f6?, 10. Dd1 × d8†, Ke8
× d8, 11. Lg5 × f6† usw.
Schwarz spielt aber stärker:

8

Schwarz am Zuge

9. ... Dd8 × f6!, 10. Lg5 × f6 Lf8—
b4†, 11. Dd1—d2 Lb4 × d2†, 12.
Ke1 × d2 g7 × f6 und behält eine
Figur mehr.

———

1. d2—d4 d7—d5, 2. c2—c4 e7—e6,
3. Sb1—c3 c7—c5, 4. c4 × d5
e6 × d5, 5. Sg1—f3 Sb8—c6, 6.
g2—g3 Sg8—f6, 7. Lf1—g2 Lf8—
e7, 8. o—o o—o, 9. Lc1—g5
c5—c4, 10. Sf3—e5 Dd8—b6, 11.
Lg5 × f6 Le7 × f6, 12. Sc3 × d5
Db6 × d4?

9

Weiß am Zuge

Weiß gewinnt eine Figur: 13. Sd5 ×
f6†, g7 × f6, 14. Se5 × c6 Dd4 × d1,
15. Sc6—e7† Kg8—h8, 16. Ta1 ×
d1.
Eine bekannte Wendung, die auch
in einigen anderen Stellungen vor

kommt; siehe das folgende Beispiel.

1. d2—d4 d7—d5, 2. c2—c4 e7—e6, 3. Sb1—c3 c7—c5, 4. c4×d5 e6×d5, 5. Sg1—f3 Sb8—c6, 6. g2—g3 c5—c4, 7. Lf1—g2 Lf8—b4, 8. o—o Sg8—e7, 9. e2—e4 o—o, 10. Sc3×d5 Se7×d5, 11. e4×d5 Dd8×d5, 12. a2—a3! (um Feld e7 für den weißen Springer freizukämpfen).
Z. B. 12. ... Lb4—a5, 13. Sf3—e5 Dd5×d4?, 14. Se5×c6 Dd4×d1, 15. Sc6—e7† Kg8—h8, 16. Tf1×d1 und Weiß gewinnt wieder eine Figur.

———

1. d2—d4 d7—d5, 2. c2—c4 e7—e6, 3. Sg1—f3 Sg8—f6, 4. Sb1—c3 Lf8—e7, 5. e2—e3 o—o, 6. b2—b3 c7—c5, 7. Lf1—d3 b7—b6, 8. o—o Lc8—b7, 9. Lc1—b2 Sb8—c6, 10. Ta1—c1 Ta8—c8, 11. Dd1—e2 c5×d4, 12. e3×d4 d5×c4, 13. b3×c4 Sc6×d4?, 14. Sf3×d4 Dd8×d4.

10

Weiß am Zuge

In seiner „Habgier" hat Schwarz die Unvorsichtigkeit begangen, seine Dame einem indirekten Angriff auszusetzen, ebenfalls ein in

8

dieser Art Eröffnungen oft vorkommender Fehler, welcher wie folgt bestraft wurde: 15. Sc3—d5 Dd4—c5, 16. Lb2×f6, und nun

1. 16. ... Le7×f6, 17. De2—e4 und gewinnt.

2. 16. ... g7×f6, 17. De2—g4†!, Kg8—h8, 18. Dg4—h4 f6—f5, 19. Sd5×e7 usw.

———

1. d2—d4 d7—d5, 2. c2—c4 c7—c6, 3. Sg1—f3 Sg8—f6, 4. Sb1—c3 d5×c4, 5. a2—a4 e7—e6, 6. e2—e4 Lf8—b4, 7. e4—e5 Sf6—e4, 8. Dd1—c2 Dd8—d5, 9. Lf1—e2 c6—c5, 10. o—o Se4×c3, 11. b2×c3 c5×d4, 12. c3×d4 c4—c3, 13. Lc1—d2 Dd5—a5, 14. Ld2×c3, Lb4×c3, 15. Ta1—a3 Lc8—d7, 16. Ta3×c3 Ld7×a4.

11

Weiß am Zuge

Auch hier ist das Motiv: „Bestrafte Habgier". Weiß gewinnt überraschend mit 17. Le2—b5†!, und nun

1. 17. ... Da5×b5, 18. Tc3—c8† Ke8—e7, 19. Dc2—c7†.

a) 19. ... Sb8—d7, 20. Dc7—d6 matt.

b) 19. ... Db5—d7, 20. Dc7—c5†
und matt.

2. 17. ... La4 × b5, 18. Tc3—c8†
Ke8—d7 (18. ... Ke7, 19. Dc5†
usw.) 19. Tc8 × h8 und gewinnt
(19. ... Lf1:, 20. Dc8† und
Matt).

---

1. e2—e4 c7—c6, 2. d2—d4 d7—d5,
3. e4 × d5 c6 × d5, 4. c2—c4 Sg8—
f6, 5. Sb1—c3 Sb8—c6, 6. Lc1—g5
d5 × c4, 7. d4—d5 Sc6—a5, 8. b2—
b4 c4 × b3 e. p., 9. a2 × b3 e7—e6,
10. Lf1—b5† (siehe Diagramm 12)

Weiß behält wesentlichen Vorteil,
wie sich aus folgendem ergibt:

1. 10. ... Ke8—e7, 11. d5—d6†
Dd8 × d6, 12. Dd1 × d6† Ke7 ×
d6, 13. Ta1 × a5.

12

Schwarz am Zuge

2. 10. ... Lc8—d7, 11. Lg5 × f6.

a) 11. ... Dd8 × f6, 12. Lb5 ×
d7† Ke8 × d7, 13. d5 × e6††
usw.

b) 11. ... g7 × f6, 12. Lb5 × d7†
Dd8 × d7, 13. Sg1—e2

mit sehr günstigem Spiel für Weiß.
Es droht 14. Ta5: (auf sofort 13.

Ta5: würde 13. ... Lb4 folgen),
während die Lage des schwarzen
Königs sehr unsicher ist.

Zum Schluß ein etwas verwickel-
terer Fall.

1. e2—e4 c7—c6, 2. d2—d4 d7—d5,
3. Sb1—c3 d5 × e4, 4. Sc3 × e4 Sg8
—f6, 5. Se4—g3 e7—e5, 6. Sg1—f3
e5 × d4, 7. Sf3 × d4 Lf8—c5, 8. Dd1
e2† Lc5—e7, 9. Lc1—e3 c6—c5,
10. Sd4—f5 o—o, 11. De2—c4 Tf8
—e8, 12. Lf1—d3 b7—b6, 13. o—o
—o Lc8—a6 (s. Diagramm 13).

Schwarz ließ seine Dame in der
Linie des Td1 stehen, weil er
glaubte, Weiß könne davon nicht
profitieren, denn auch seine Dame
ist bedroht. Er irrt sich aber, wie

13

Weiß am Zuge

nachstehende Varianten zeigen:
14. Sf5—h6†! g7 × h6, 15. Ld3 ×
h7†! und nun

1. 15. ... Kg8 × h7, 16. Dc4 × f7†
Kh7—h8, 17. Td1 × d8 Le7 × d8,
18. Sg3—h5 usw.

2. 15. ... Sf6 × h7, 16. Dc4—g4†
Kg8—h8, 17. Td1 × d8.

a) 17. ... Te8 × d8, 18. Dg4—e4.

b) 17 ... Le7 × d8, 18. Dg4—f3.   Sb8—c6, 19. Le4 × c6 usw.
3. 15. ... Kg8—h8 (noch am be-   Weiß gewinnt zwei wichtige Bau-
sten), 16. Td1 × d8 La6 × c4, 17.   ern, da noch h6 verloren geht.
Td8 × e8† Sf6 × e8, 18. Lh7—e4

In allen Beispielen dieses Abschnittes ist unser eigentliches Thema „Urteil
und Plan" höchstens zur Hälfte zu seinem Recht gekommen.
Das Urteil beruhte stets auf einem mehr oder weniger ausgedehnten Netz
von Varianten, die zusammen zugleich den **Plan** bildeten, so daß eine weitere
Überlegung überflüssig wurde; es sei denn, wir wollten uns in die Technik
vertiefen, einen großen materiellen Vorteil zu realisieren — worauf wir in
diesem Abschnitt schon zu sprechen kamen und wovon wir uns mit Recht
distanziert haben.
Die großen Probleme liegen noch vor uns, und wie bereits zu Beginn des
Kapitels bemerkt, ist das Vorhergehende nur der Auftakt zu den folgenden
Abschnitten, denen wir uns nun zuwenden.

Die Bauernmehrheit auf dem Damenflügel

1. e2—e4 c7—c6, 2. d2—d4 d7—d5, 3. e4×d5 c6×d5, 4. c2—c4 Sg8—f6 5. Sb1—c3 Sb8—c6, 6. Lc1—g5 e7—e6, 7. c4—c5 Lf8—e7, 8. Lf1—b5 o—o, 9. Sg1—f3 Sf6—e4, 10. Lg5×e7 Sc6×e7, 11. Ta1—c1 Se7—g6, 12. o—o Lc8—d7, 13. Lb5—d3 f7—f5, 14. b2—b4. In nebenstehender Stellung (Botwinnik—Kmoch, Leningrad 1934) hört die Theorie auf mit der Feststellung: „Weiß steht überlegen".

Schwarz am Zuge

14

Warum steht Weiß überlegen? Das Material ist gleich. Man kann auch nicht sagen, daß Weiß weiter vorgedrungen ist als Schwarz; im Gegenteil, die Position des Se4 in der Bretthälfte von Weiß macht einen etwas drohenden Eindruck. Die schwarzen Figuren bewegen sich ungefähr ebenso leicht wie die weißen; die einen ein bißchen flinker, die anderen weniger flott, aber wesentliche Unterschiede sind nicht festzustellen. Weder der weiße noch der schwarze König haben einen Angriff zu fürchten. Warum also, fragt der Leser vielleicht verwundert, warum steht Weiß besser, ja sogar überlegen?
Es gibt viele Schachspieler, die auf diese Frage sofort eine gute Antwort geben können; aber nur wenige, für die dieses Urteil mehr bedeutet als eine Phrase oder einen stereotypen Ausdruck: „Weiß steht besser, weil er die Bauernmehrheit am Damenflügel besitzt."
Lassen Sie uns dies einmal näher erklären.
Weiß und Schwarz haben jeder sieben Bauern, die aber nicht gleichmäßig über das Brett verteilt sind. Ziehen wir über das Brett zwei senkrechte Linien, die erste zwischen c- und d-, die zweite zwischen e- und f-Linie, dann zerfällt das Brett in drei Teile I, II, III (siehe Diagramm 15).
Wir konstatieren nun (in Stellung 14), daß Weiß die Bauernmehrheit am Damenflügel hat (drei gegen zwei), Schwarz dagegen in dieser Hinsicht im Zentrum besser daran ist (zwei gegen einen), während auf dem Königsflügel Gleichgewicht herrscht. In Fällen wie diesen, in denen eine so klare

15

In Stellungen wie vorhergehend Nr. 14, in der beide Teile kurz rochiert haben, umfaßt I die Linien des *Damenflügels*, II die des *Zentrums* und III die des *Königsflügels*.

Trennung zwischen den Bauern besteht wie hier (der weiße c-Bauer auf c5 z. B. hat nichts mehr mit dem schwarzen Bauern rechts von ihm zu tun, was aber wohl der Fall wäre, stünde er etwa auf c3), spricht man von einer Mehrheit auf dem Damenflügel, indem man den Rest der Bauern (sowohl Zentrum als auch Königsseite) unter dem Begriff „Königsflügel" zusammenfaßt. Man sagt also in Stellung 14, daß Weiß die Bauernmehrheit am Damenflügel (drei gegen zwei) und Schwarz eine solche am Königsflügel (fünf gegen vier) besitze. Die Bauern müssen einander passiert haben, die Bauernketten voneinander gelöst sein. Auf dem Damenflügel stehen drei weiße Bauern gegen zwei schwarze, was zur Folge hat — und das ist der Kardinalpunkt! —, daß Weiß hier einen Freibauern erlangen kann, wozu Schwarz auf dem anderen Flügel mit fünf gegen vier normalerweise nicht so leicht kommt. Es geht hier nicht ausschließlich um eine Frage des Abzählens. Es lassen sich ohne weiteres Formationen denken (mit oder ohne Doppelbauern), in denen man auch mit drei gegen zwei Bauern nicht ohne Opfer zu einem Freibauern kommt (z. B. a2, b3, c4 gegen b4, c5; oder a2, b2, b3 gegen a7, b7). Das ist hier nicht der Fall. Unter normalen Umständen wird Weiß b4—b5 (eventuell nach voraufgegangenem a2—a4) nebst c5—c6 stets durchsetzen können, so daß also der weiße Freibauer jederzeit gesichert ist.

Mit Schwarz steht es ein wenig anders. Die Bildung eines Freibauern ist für ihn viel schwieriger, jedoch nicht unmöglich. Schwarz muß danach trachten, e6—e5 durchzusetzen, ohne Bauer d5 im Stich zu lassen. Doch ist der Erfolg einer solchen Aktion noch nicht entscheidend für die beiderseitigen Chancen; es gibt noch andere Möglichkeiten. Schwarz hat seine Aufstellung hier so gewählt, daß er die Bauernmehrheit am Königsflügel auf andere Weise ausnutzt: nämlich durch die nachhaltige Springerstellung auf e4.

Es ist klar, daß die weiße Bauernmehrheit hier nicht einfach zu realisieren ist. Aber denken wir uns eine Stellung, in der Weiß und Schwarz gleiche Chancen auf Bildung eines Freibauern haben, dann muß die Bauernmehrheit auf dem Damenflügel als Vorteil angesehen werden. Und dies aus Gründen, die kurz gesagt darin liegen, daß

1. der Freibauer, der am Damenflügel entsteht, zu weit von dem feindlichen König entfernt ist, um von diesem aufgehalten zu werden.

2. der Freibauer auf dem Königsflügel schwieriger zu forcieren ist, weil dies unter Umständen das Vorrücken von Bauern nötig macht, die die Funktion haben, den König zu schützen.

Es ist gut, diese Gründe zu kennen, ohne sich aber zu sehr in sie zu vertiefen. Denn dies bringt die Gefahr mit sich, daß man das ganze zu schematisch betrachtet, etwa: „Die Bauernmehrheit auf dem Damenflügel ist 1:0", statt nüchtern zu erkennen: Die Bauernmehrheit auf dem Damenflügel ist nur dann etwas wert, wenn man sie verwerten kann.

Unser Thema besteht im Urteilen und Planen. Was das **Urteil** betrifft, ist es hier nicht so schwierig: Weiß steht besser, weil er die Bauernmehrheit auf dem Damenflügel besitzt. Jedoch müssen wir mit Verallgemeinerungen vorsichtig sein, denn es können Umstände eintreten, die den Vorteil der Bauernmehrheit am Damenflügel wertlos machen. Doch sagt dies nichts gegen den Vorteil als solchen; dieser wird lediglich durch einen anderen Faktor kompensiert, welcher nachteilig wirkt.

Also: die Bauernmehrheit auf dem Damenflügel ist ein Vorteil.

Aber: andere Nachteile können diesen Vorteil aufheben.

Und außerdem: die Bauernmehrheit auf dem Damenflügel ist nicht in jeder Stellung gleichermaßen leicht zu realisieren.

So langsam sind wir damit zu dem Thema der **Planbildung** gekommen: wie ist die Bauernmehrheit auf dem Damenflügel zu verwerten?

Zunächst wollen wir in dieser Hinsicht die Partie betrachten, der die oben zitierte Variante entnommen ist.

(Von Stellung 14 aus)

Weiß: M. Botwinnik
Schwarz: H. Kmoch

Leningrad 1934

14. ...   Ld7—e8
15. g2—g3

Nimmt dem Sg6 die Felder f4 und h4. So werden die schwarzen Angriffsvorbereitungen wesentlich verzögert.

15. ...   Ta8—c8
16. Tf1—e1   Dd8—f6
17. a2—a3

Weiß geht gemächlich zu Werke.

17. ...   Sg6—e7

Nicht am besten, weil das Feld e5 für den weißen Springer frei wird. Stärker war 17. . . . Sc3:, 18. Tc3: f4

mit Gegenchancen auf der f-Linie.

18. Sf3—e5   Df6—h6
19. f2—f3   Se4—f2

Interessant. Nach 20. Kf2: erzwingt Schwarz nun ewiges Schach durch 20. . . . Dh2:†, 21. Ke3 f4†, 22. gf4: Df4:†, 23. Ke2 Dh2† usw.

20. Dd1—e2!   Sf2—h3†
21. Kg1—g2   g7—g5
22. Sc3—b5!   Le8 × b5

Schwarz darf den weißen Springer nicht nach d6 kommen lassen, wo er eine beherrschende Stellung einnehmen würde.

23. Ld3 × b5   Tf8—f6
24. Lb5—d7! (siehe Diagramm 16).

Die letzte Vorbereitung zum Vormarsch am Damenflügel.

16

Schwarz am Zuge

24. ...	Tc8—d8
25. b4—b5!	Dh6—h5

Da Schwarz die Ausführung des
weißen Planes nicht verhindern

kann, unternimmt er noch einen
letzten Versuch, auf dem Königsflügel etwas Positives zu erreichen.

26. c5—c6!   Tf6—h6

Mit der Drohung 27. .... Sf4† nebst
28. ... Dh2:†, die Weiß aber einfach durch Deckung von h2 pariert.

27. Kg2—h1!

Schwarz gab auf; er ist gegen das
weitere Vorrücken des weißen Freibauern machtlos. Z. B. 27. ...
b7×c6, 28. b5×c6 Se7—c8, 29. c6
—c7 Td8—f8, 30. Se5—c6! mit
der doppelten Drohung 31. Le6:†
oder 31. Lc8: nebst 32. Se7†.

Wem hat Weiß seinen Sieg zu danken? Die Antwort darauf kann keinem
Zweifel unterliegen: seinem freien c-Bauern, also der Mehrheit am Damenflügel.

Aber dabei verdient doch, bemerkt zu werden, daß es keineswegs von selbst
gegangen ist. Weiß hatte oft genug Gelegenheit zu straucheln; er mußte
ein paarmal die richtige Verteidigung am Königsflügel finden (15. g2—g3,
20. Dd1—e2 und 27. Kg2—h1), obendrein einige vorbereitende Züge tun
(17. a2—a3, 18. Sf3—e5, 22. Sc3—b5 und 24. Lb5—d7), und erst dann kam
der Vormarsch der Damenflügelbauern an die Reihe. Das ist übrigens der
übliche Ablauf des Geschehens beim Realisieren eines Vorteils. Man muß

1. die Chancen des Gegners berücksichtigen,
2. die eigene Aktion gründlich vorbereiten.

Letzteres ist bei der Bauernmehrheit auf dem Damenflügel ganz besonders
vonnöten. Die Bauern selbst tun in unserem Beispiel zunächst nichts, sind
jedoch drohend auf den Gegner gerichtet. Sie binden verschiedene feindliche
Figuren an ihren Platz, so daß es für den Gegner nicht leicht ist, an anderer
Stelle eine Gegenaktion aufzuziehen. Tut er es doch, dann setzt sich (wie in
unserem Beispiel) die Mehrheit in Bewegung. Warum nicht eher? Weil
jeder Bauernvormarsch eine Schwächung bedeutet, die man erst dann in
Kauf nimmt, wenn der Gegner sie nicht auszunutzen vermag. Auf c5 ist
der weiße Bauer ständig durch andere Bauern gedeckt. Auf c6 jedoch ist er
auf die Deckung von Figuren angewiesen, und wir haben gesehen, daß Weiß
das Feld c6 zuerst mit Springer und Läufer deckte, bevor er den Bauer
vorrückte.

Resumierend können wir zur Stellung 14 feststellen:

1. Urteil: Weiß steht besser, weil er die Bauernmehrheit auf dem Damenflügel besitzt, wogegen die schwarze Mehrheit am Königsflügel keinen

vollständigen Ausgleich bedeutet. Besondere Fälle ausgenommen, mag man dies ruhig als feststehend betrachten.

2. **Plan:** Der Plan von Weiß, soweit er die Bauernmehrheit betrifft, ist zweiteilig:

a) *Gründliche Vorbereitung* des Vorstoßes, wobei vor allem unzeitige Schwächungen vermieden werden müssen. Diese Vorbereitung besteht erstens im Schützen der Bauernmehrheit selbst und zweitens im Umkämpfen der Felder, die der Kandidat-Freibauer zu passieren hat.

b) *Das Vorrücken an sich*, das erst dann akut wird, wenn der Gegner die schließliche Umwandlung des Freibauern entweder gar nicht oder nur durch Bindung eines erheblichen Teils seiner Streitkräfte verhindern kann.

Noch eine letzte Bemerkung aus Anlaß dieses Beispiels. Es wird manchmal behauptet, daß es wenig Sinn hat, die Kennzeichen der Stellung — wie hier die Bauernmehrheit auf dem Damenflügel — gesondert zu studieren. Die Praxis wäre viel verwickelter; nicht ein, sondern drei oder vier Kennzeichen beherrschen die Situation, und es müßte schon eine ganz besondere Ausnahme sein, wenn man die von einem einzigen Merkmal abgeleitete Theorie in einer gespielten Partie zur Geltung bringen kann.

Zugegeben, daß die Praxis verwickelter ist, daß also in der Regel verschiedene Motive den Verlauf der Partie bestimmen: dennoch oder besser gerade deshalb ist es wichtig, die Kennzeichen einzeln zu studieren. Denn nur wer dies getan hat, wird einen Plan entwerfen können, der alle positionellen Gegebenheiten berücksichtigt. Nehmen wir zum Beispiel die eben behandelte Partie, die von zwei Merkmalen beherrscht wird: der weißen Mehrheit auf dem Damen- und der schwarzen auf dem Königsflügel. Wir sehen hier ganz deutlich, daß der weiße Plan sich zweiteilt: verteidigend am Königsflügel, angreifend am Damenflügel.

Selbstverständlich ist es nicht leicht für Weiß zu beurteilen, wie die Pläne ineinandergreifen müssen, wie die richtige Reihenfolge der Züge ist, und so fort. Aber eine Schachtheorie, welche alle Probleme löst und jede Schwierigkeit automatisch beseitigt, ist (glücklicherweise) noch nicht gefunden, und deshalb muß es stets bei den Angaben von Richtlinien, Anregungen und Möglichkeiten bleiben.

Es folgen nun noch einige weitere Beispiele zum Thema der Bauernmehrheit am Damenflügel. Diese sind weniger ausführlich besprochen und sollen hauptsächlich dazu dienen:

1. die entwickelten Begriffe zu vertiefen und die gegebenen Richtlinien zu befestigen,

2. neue Formen der Bauernmehrheit mit den damit verbundenen Besonderheiten zu zeigen.

1. e2—e4 c7—c6, 2. d2—d4 d7—d5,
3. e4 × d5 c6 × d5, 4. c2—c4 Sg8—f6,
5. Sb1—c3 Sb8—c6, 6. Lc1—g5
e7—e6, 7. Sg1—f3 Lf8—e7, 8. Ta1
—c1 o—o, 9. c4—c5 Sf6—e4, 10.
Lg5 × e7 Dd8 × e7, 11. Lf1—e2 Lc8
—d7, 12. a2—a3.

17

Schwarz am Zuge

Diese Stellung kam in einer Partie
Botwinnik—Konstantinopolsky vor
und nach der Theorie steht Weiß
besser.

Die Position verrät viel Übereinstimmung mit der vorhergehenden. Weiß
verfügt auch hier über die Bauernmehrheit am Damenflügel, wogegen die
Stellung des schwarzen Springers e4 kein genügendes Gegengewicht bedeutet. Der Plan von Weiß lautet wieder: Verstärkung der Bauernstellung
am Damenflügel, Bekämpfung des Feldes c6 und wenn möglich auch c7,
Vormarsch durch b4—b5, c5—c6 usw. Bei den vorbereitenden Maßregeln
erweist sich das Feld e5 als von großer Bedeutung, weil ein weißer Springer
von e5 aus verschiedene wichtige Felder, im besonderen auch c6, beherrscht.

Diese Vorbemerkung erklärt das
folgende:

12. ...   f7—f5

Zu Recht kritisiert Fine diesen Zug
(in seinem Eröffnungsbuch), weil
die Schwächung des Feldes e5
Weiß in die Hand spielt. Richtig war
12. ... f6, 13. b4 Sc3:, 14. Tc3: a6,
15. o—o Tad8, um später e6--e5
durchzusetzen und dann in dem freien
d-Bauern einige Kompensation für
die weiße Mehrheit zu besitzen.

13. Le2—b5!

Es ist oft wichtig, schnell zu handeln, um günstige Voraussetzungen
zu schaffen. Mit dem Textzug
droht 14. Lc6: nebst 15. Se5, gefolgt von einer langsamen Realisierung der Bauernmehrheit, wogegen Schwarz durch die beherrschende Position des Se5 praktisch
wehrlos ist.

13. ...   Se4—g5

Vereitelt den weißen Plan — Besetzung von e5 mit dem Springer —
aber nur auf Kosten eines anderen
Nachteils.

14. Lb5 × c6   Sg5 × f3†
15. Dd1 × f3   b7 × c6
16. Df3—f4   Ta8—e8
17. o—o   e6—e5

Anders wird Schwarz seinen schwachen e-Bauern nicht mehr los.

18. Df4 × e5   De7 × e5
19. d4 × e5   Te8 × e5

18

Weiß am Zuge

16

Der Kampf hat einen ganz anderen Charakter angenommen. Wohl besteht die weiße Mehrheit am Damenflügel noch immer, aber der gedeckte freie d-Bauer des Gegners ist schließlich nicht weniger wertvoll. Weiß hat aber einen neuen Vorteil dafür eingetauscht, und zwar den guten Springer gegen den schlechten Läufer. Der schwarze Läufer ist schlecht, weil er auf der Farbe seiner Bauern steht und dadurch nur beschränkte Bewegungsfreiheit hat. Der Springer ist gut, weil er früher oder später auf das starke Feld d4 kommen kann, unangreifbar für die schwarzen Bauern und für den schwarzen Läufer.

Die Ausbeutung eines solchen Vorteils gehört zum Thema des Abschnitts IV, bei dem wir noch einmal auf Stellung 18 zurückkommen werden.

Nach 1. e2—e4 e7—e5, 2. Sg1—f3 Sb8—c6, 3. Lf1—b5 a7—a6, 4. Lb5—a4 Sg8--f6, 5. o—o Sf6 × e4, 6. d2—d4 b7—b5, 7. La4—b3 d7—d5, 8. d4 × e5 Lc8—e6, 9. c2—c3 Lf8—e7, 10. Tf1—e1 o—o, 11. Sb1—d2 Se4—c5, 12. Lb3—c2 d5—d4, 13. c3 × d4 Sc6 × d4, 14. Sf3 × d4 Dd8

19

Weiß am Zuge

× d4 entsteht eine Stellung, welche in einer Partie Dr. E. Lasker - Dr. S. Tarrasch (St. Petersburg 1914) vorkam. Man war der Meinung, daß Weiß vollkommen befriedigend stände und evtl. Angriffschancen auf dem Königsflügel erlangen kann, zumindest, wenn die Damen auf dem Brett blieben. Aber auch bei einem Damentausch dachte man nicht, daß Weiß im Endspiel schlechter stehen würde, da er über etwas mehr

Raum verfügt und alle Figuren zur Hand hat.

Bei dieser letzten Überlegung wurde jedoch die Bedeutung der Bauernmehrheit am Damenflügel ganz außer acht gelassen.

(Von Stellung 19 aus)

15. Sd2—b3

Unter den gegebenen Umständen wahrscheinlich das Beste. Weiß nimmt noch den Nachteil des Doppelbauern auf sich, aber dafür kommen seine Figuren schneller zur Entfaltung. Und außerdem hat ein Doppelbauer beim Authalten einer gegnerischen Mehrheit eher Vorteile als Nachteile.

15.	...	Sc5 × b3
16.	a2 × b3	Dd4 × d1
17.	Te1 × d1	c7—c5
18.	Lc1—d2	Tf8—d8
19.	Ld2—a5	Td8 × d1†
20.	Ta1 × d1	f7—f6!
21.	La5—c3	f6 × e5
22.	Lc3 × e5	Ta8—d8

Schwarz manövriert sehr stark: er strebt Turmtausch an, so daß in einem reinen Läuferendspiel die Schwäche des Doppelbauern tatsächlich eine Rolle spielen könnte.

Der weitere Verlauf bestätigt diese Ansicht.

23. Td8:† Ld8:, 24. f4 Kf7, 25. Kf2 Lf6, 26. Ld6 Ld4†, 27. Kf3 Ld5†, 28. Kg4 Ke6, 29. Lf8 Kf7, 30. Ld6 Lg2:, 31. Lh7: Ke6, 32. Lf8 Kd5, 33. Kg5 Lf6†, 34. Kg6 Le4†, 35. f5 Ke5, 36. Lg7: Lf5:†, 37. Kf7.

20

Schwarz am Zuge

Nun konnte Schwarz mit 37. .... Le6†, 38. Kf8 Lg7:†, 39. Kg7: Lb3: entscheidenden Vorteil behalten. Es folgte jedoch weniger stark 37. .... Lg7:, 38. Lf5: Kf5:, 39. Kg7: a5, 40. h4 Kg4, wonach Weiß mit dem Problemzug 41. Kg6! Remis erzwingen konnte: 41. .... Kh4:, 42. Kf5 Kg3, 43. Ke4 Kf2, 44. Kd5 Ke3, 45. Kc5: Kd3, 46. Kb5: Kc2, 47. Ka5: Kb3:.

Man sieht an diesem Partieschluß wieder einmal bestätigt, daß die Bauernmehrheit auf dem Damenflügel in einem vorgerückten Endspielstadium den Charakter des entfernten Freibauern erhält.

Nach 1. d2—d4 Sg8—f6, 2. c2—c4 g7—g6, 3. Sb1—c3 d7—d5, 4. Lc1 —f4 Lf8—g7, 5. e2—e3 o—o, 6. Sg1—f3 c7—c5, 7. c4 × d5 Sf6 × d5, 8. Lf4—e5 Sd5 × c3, 9. b2 × c3 c5 ×

d4, 10. Le5 × g7 Kg8 × g7, 11. c3 × d4 Dd8—a5†, 12. Dd1—d2 Sb8 —c6, 13. Lf1—e2 Tf8—d8 endet die Theorie mit der Feststellung ∓, was besagt, daß Schwarz besser steht (siehe Fine, S. 283, Var. 150t.), Eliskases—Flohr, Semmering 1937 (siehe Diagramm 21).

Der Leser dürfte nun so weit gefördert sein, daß er den Grund für diese theoretische Annahme begreift: die Bauernmehrheit am Damenflügel (zwei gegen einen). Man muß aber bereits ein sehr feines Unterscheidungsvermögen besitzen,

21

Weiß am Zuge

um zu erkennen, daß dieses Übergewicht tatsächlich einige Bedeutung hat, zumal ihm wieder eine weiße Mehrheit im Zentrum gegenübersteht. Und man muß über besondere technische Gaben verfügen, um diesen Vorteil wenn auch nicht gerade zum Gewinn zu führen, so doch in reelle Gewinnchancen umzusetzen. Ein nicht routinierter Spieler befindet sich etwas in der Lage des „Elefanten im Porzellanladen"; er rückt unter Umständen vor, erzwingt einen Freibauern, der

jedoch isoliert ist und prompt verloren geht.
Betrachten wir weiter den Verlauf
der Partie.

14. Dd2 × a5
Mehr oder weniger erzwungen, da
14. 0—0 wegen 14. ... Dd2:, 15.
Sd2: es einen Bauern kosten würde.

14. ...   Sc6 × a5
15. 0—0
Im allgemeinen ist es nicht ratsam,
den König zu weit von einer feindlichen Mehrheit entfernt zu postieren, und dies aus begreiflichen
Gründen: der König soll zur Hand
sein, um bei der Bekämpfung eines
eventuellen Freibauern Hilfe leisten
zu können. Anstatt des Textzuges
sollte deshalb 15. Kd2 nebst 16.
Thc1 geschehen.

15. ...   Lc8—e6
16. e3—e4
Es ist begreiflich, daß Weiß aus
seiner Mehrheit im Zentrum Nutzen ziehen will. Viel erreicht er
aber nicht damit.

16. ...   Le6—g4
Indirekter Angriff auf d4.

17. Tf1—d1   e7—e6
Um einen eventuellen Freibauern
sofort zu isolieren.

18. Kg1—f1
Dem König ist die Rochade offensichtlich leid und er begibt sich
nun in die gute Richtung.

18. ...   Lg4 × f3
19. Le2 × f3   Ta8—c8!
Ein wichtiges Teilziel der schwarzen
Strategie in solchen Fällen: Besetzung der c-Linie. Es droht vor
allem 20. ... Tc2.

20. Td1—d2
20. Tac1? würde am Tausch der
Türme nebst Td4: scheitern.

20. ...   e6—e5!
21. d4—d5
Nicht 21. Tad1 wegen 21. ... Sc4,
22. Td3? Sb2.

21. ...   Sa5—c4
22. Td2—e2   Sc4—d6
23. Ta1—b1   Tc8—c4
24. g2—g3   Td8—c8
25. Lf3—g2   Tc4—c1†
26. Tb1 × c1   Tc8 × c1†
27. Te2—e1   Tc1 × e1†
28. Kf1 × e1 (s. Diagramm 22).
Schwarz hat die offene c-Linie benutzt, um zum Tausch der Türme zu
kommen und so ein günstiges Sprin-
ger/Läufer-Endspiel zu erreichen
(siehe auch Botwinnik—Konstantinopolsky, Stellung 18).

Schwarz am Zuge

22

Die Ausarbeitung dieses Endspiels
folgt ebenfalls in Abschnitt IV.
Die Rolle, die die Bauernmehrheit
auf dem Damenflügel hier gespielt
hat, ist in der Hauptsache statisch.
Schwarz hat sich eigentlich mehr
mit dem Unschädlichmachen der
weißen Mehrheit beschäftigt. Es
verdient vermerkt zu werden, daß
er die Besetzung der c-Linie mit den
daraus entstehenden Möglichkeiten
zur Vereinfachung der Bauernformation zu danken hat. Einer der

weißen Türme war an die Deckung von d4 gebunden, und deshalb mußte die c-Linie immer in die Hände von Schwarz fallen, zumindest, wenn der weiße König — wie hier — nicht rechtzeitig nach d2 kommen kann (wir sehen hier wieder, wie ungünstig die weiße Rochade war).

Außer zum allgemeinen Tausch kann Schwarz die c-Linie auch zum Angriff auf den isolierten weißen a-Bauern benutzen. Davon handelt das folgende Beispiel.

Nach 1. d2—d4 Sg8—f6, 2. c2—c4 g7—g6, 3. Sb1—c3 d7—d5, 4. c4 ×d5 Sf6×d5, 5. e2—e4 Sd5×c3, 6. b2×c3 c7—c5, 7. Sg1—f3 Lf8—g7, 8. Lf1—b5† Lc8—d7, 9. Lb5× d7 † Dd8×d7, 10. o—o c5×d4, 11. c3×d4 Sb8—c6, 12. Lc1—e3 o—o erklärt die Theorie (mit Recht), daß Schwarz etwas besser steht (Kostisch —Grünfeld, Teplitz-Schönau 1922).

23

Wir begnügen uns nun zunächst mit dem Ablauf der Partie, um erst zum Schluß noch einige Anweisungen zu unserem Thema zu geben. 13. Ta1—b1 Sc6—a5, 14. d4—d5 Tf8—c8!, 15. Le3—d4 Lg7×d4,

16. Dd1×d4 b7—b6, 17. Sf3—e5 Dd7—d6, 18. Se5—g4 Dd6—f4, 19. Sg4—e3 Tc8—c5!, 20. Tb1—c1 Ta8 —c8, 21. Tc1×c5 Tc8×c5, 22. f2 —f3 h7—h5, 23. g2—g3 Df4—c7, 24. e4—e5 Sa5—c4!, 25. Se3×c4 Tc5×c4, 26. Dd4—e3 Tc4—c3, 27. De3—d4 Tc3—c4, 28. Dd4—e3 Tc4—c2, 29. e5—e6 Dc7—c5!, 30. De3×c5 Tc2×c5, 31. Tf1—d1 f7 ×e6, 32. d5×e6, Tc5—a5, 33. Td1 —d2 Kg8—g7, 34. f3—f4 Kg7— f6, 35. Td2—e2 g6—g5, 36. f4× g5† Kf6×g5, 37. Kg1—g2 Kg5—f5, 38. Kg2—f3 (siehe Diagramm 24). Schwarz hat sich also auch hier zum Herrn der c-Linie gemacht, wieder mit der typischen Aufstellung des Sa5, welche in Verbindung mit dem Sprung nach c4 besonderes Gewicht hat.

24

Schwarz spielt auch jetzt auf Vereinfachung, um die Schwächen ausnutzen zu können, die sich Weiß inzwischen im Zentrum zugezogen hat. In Stellung 24 hat Weiß zwei hilfsbedürftige Bauern; er gerät in Zugzwang, verliert einen Bauern und damit die Partie.

38. ... Ta5—a3†, 39. Kf3—g2 Ta3

—a5, 40. Kg2—h3 Ta5—a4I, 41. Te2—b2 Kf5×e6, 42. Tb2—b5 Ta4×a2, 43. Tb5×h5 Ta2—b2, 44. Th5—h8 a7—a5, 45. Kh3 —g4 a5—a4, 46. Th8—a8 Tb2—b4†, 47. Kg4 —f3 b6—b5, 48. h2—h4 Ke6—f6, 49. g3—g4 Tb4—b3†, 50. Kf3— e4 a4—a3, 51. Ta8—a6† Kf6—g7, 52. Ke4—f5 b5—b4, 53. Ta6—a7 Tb3—f3†, 54. Kf5—e4 Tf3—f2, 55. Ke4—e3 Tf2—b2! Weiß gab auf. Wir haben gesehen, daß man bei der Verwertung der Bauernmehrheit auf dem Damenflügel vorsichtig zu Werke gehen muß, was vor allem für das Vorbringen der Bauern gilt. Dieses Vorrücken tritt häufig in den Hintergrund, die Vorbereitung und vor allem das Profitieren von nebensächlichen Umständen (offene Linien und dergleichen) nehmen den vornehmsten Platz ein.

Der Angriff auf dem Damenflügel

In engem Zusammenhang mit dem Thema unseres letzten Abschnittes steht „der Angriff auf dem Damenflügel", obschon das Realisieren einer Bauernmehrheit noch kein Angriff im eigentlichen Sinne des Wortes ist. Denn der Angriff richtet sich gegen feindliche Figuren und Bauern, während das Vorbringen einer Mehrheit mehr die Form der Erzwingung eines Durchbruchs darstellt, wobei der eigentliche Kampf oft auf anderen Fronten ausgetragen wird.

Der Angriff auf dem Damenflügel dagegen ist örtlich begrenzt und dadurch oft viel heftiger.

Ein einleitendes Beispiel soll den Gedanken festlegen und verdeutlichen.

Nach 1. d2—d4 Sg8—f6, 2. Sg1— f3 d7—d5, 3. e2—e3 e7—e6, 4. Lf1 —d3 c7—c5, 5. b2—b3 Sb8—c6, 6. o—o Lf8—d6, 7. Lc1—b2 o—o, 8. Sb1—d2 Dd8—e7, 9. Sf3—e5 c5 × d4, 10. e3 × d4 Ld6—a3, 11. Lb2 × a3 De7 × a3, 12. Sd2—f3 Lc8 —d7, 13. Se5 × c6 Ld7 × c6 (Bogoljubow—Capablanca, New York 1924) beschließt die Theorie mit ∓, d. h.: Schwarz steht etwas besser.

25

Gleiche Anzahl Figuren, gleiche Anzahl Bauern, ungefähr gleiche Bewegungsfreiheit. Wohl befindet sich die schwarze Dame im Gebiet der weißen Stellung, aber wenn nötig kann Weiß sie mit z. B. Dd1—c1 vertreiben.

Warum also steht Schwarz etwas besser? Weil er Angriffschancen auf dem weißen Damenflügel hat.

Der weiße Damenflügel — das sind die Bauern a2, b3, c2, und alle sind ausreichend gedeckt. Woher also die Angriffschancen?

Tatsächlich ist der Angriff auf dem weißen Damenflügel keine Frage von einigen bestimmten Zügen, sondern bedeutet einen breit entworfenen und genau ausgeführten Plan.

Bauer c2 ist schwach; besser gesagt: kann schwach werden. Der weiße Läufer sorgt vorläufig für einen genügenden Schutz, aber wenn er abgetauscht oder zum Tausch gezwungen wird, bedarf der weiße c-Bauer anderer, vielleicht nicht so verläßlicher Deckung. Schwarz greift den Bauern auf der c-Linie mit einem oder zwei Türmen und der Dame zugleich an, eventuell noch unterstützt von dem schwarzen Springer. Weiß muß dann zusehen, im richtigen Augenblick die guten Verteidigungsmaßregeln zu treffen. Anscheinend ist dies nicht so schwierig, denn schließlich hat Weiß dieselben Figuren wie Schwarz und vermag also einen massierten Angriff mit den gleichen Deckungsfiguren abzuwehren. Sehr richtig, aber damit ist Weiß noch nicht gedient, denn dann sind seine Figuren an die Verteidigung gebunden und Schwarz kann — meist sogar ohne den Angriff zu schwächen — seine Streitkräfte zu anderen Punkten in der weißen Stellung umdirigieren. Auf diese Weise werden ständig neue Probleme geschaffen, die schließlich dem Weißen über den Kopf zu wachsen drohen.

Was ist nun die Ursache der Schwierigkeiten für Weiß, worin liegt die Basis für die Angriffsmöglichkeiten des Gegners?

Nicht so sehr in der offenen c-Linie als darin, daß Weiß b2—b3 gespielt hat. Stünde der weiße Bauer noch auf b2, dann konnte der c-Bauer notfalls nach c3 gehen und es war kaum eine Gefahr zu fürchten (siehe Abschnitt IX, die halboffene Linie). Also war der 5. Zug von Weiß b2—b3 bereits fehlerhaft? Nein, wenn wir zu dergleichen Schlüssen kämen, würden wir beinahe keinen Zug mehr tun können. Aber wohl war es ein Fehler, den Tausch des Lb2 zuzulassen, denn dadurch entstanden „Löcher" auf dem weißen Damenflügel (b2 und vor allem c3) und erst diese gaben Schwarz Gelegenheit, aus der offenen c-Linie Nutzen zu ziehen.

Es ist deshalb üblich, mit 8. a2—a3 (statt 8. Sb1—d2) das schwarze Läufermanöver Ld6—a3 endgültig zu verhindern. Im 9. Zug jedoch hätte a2—a3 nicht mehr ohne anderen Nachteil geschehen können: 9. a2—a3 (statt 9. Sf3—e5) 9. . . . e6—e5! und Schwarz bekäme die Mehrheit im Zentrum neben einem schönen und freien Spiel.

Urteil über Stellung 25: Schwarz steht etwas besser. Er hat auf der offenen c-Linie Angriffschancen gegen den weißen Damenflügel, die durch das Vorhandensein der „Löcher" b2 und c3 in der weißen Stellung gefördert werden.

Plan: Dazu studieren wir zunächst den Verlauf der Partie.

14. Dd1—d2
Einige andere Gedanken:
1. 14. c4, um den „schwachen Bruder" kurzerhand aufzulösen. Es droht 15. c5 mit Etablierung einer Bauernmehrheit auf dem Damenflügel, so daß Schwarz wohl zu

14. . . . dc4:, 15. bc4: gezwungen ist. Wie steht es nun mit der weißen Bauernstellung? Ist Weiß hierbei vorwärts oder zurückgegangen? Stark rückwärts, denn Schwarz spielt 15. . . . Tfd8! und der weiße d-Bauer ist tödlich geschwächt.

Nach z. B. 16. Se5 La4 (nicht 16. ...
Td4: wegen 17 Lh7:†) 17. Dd2
Dd6, 18. Sf3 Lc6 ist es klar, daß
Weiß nicht mehr leichten Kaufs
davonkommen kann. Schlußfolgerung: c2—c4 jetzt oder später ver-
lagert die Schwäche von der c-Linie nach der d-Linie, was der weißen
Stellung nicht gerade von Nutzen ist.
2. 14. Se5 Tac8, 15. Sc6: Tc6:.
Weiß hat den schwarzen Läufer getauscht, so daß nun der Ld3 wohl
eine verläßliche Deckung von c2
bedeutet. Da ist jedoch noch etwas
anderes: die Schwäche des Feldes
c3. Früher oder später wird ein
schwarzer Turm dieses Feld besetzen und den ganzen weißen Damenflügel in Bedrängnis bringen.
Außerdem kann der schwarze Springer aktiv werden und Weiß schließlich doch zum Tausch des Ld3
zwingen oder andere Erfolge erzielen. Es würde zu weit führen, auf
Einzelheiten einzugehen, aber eines
steht fest: Schwarz verfügt über
Möglichkeiten, er hat die Initiative.
3. 14. Dc1. Dieser Zug ist wohl der
beste, denn wenn Schwarz auf das
Tauschangebot eingeht, ist er als
Angreifer seiner wichtigsten Figur
beraubt und demzufolge sein Angriff wesentlich ungefährlicher geworden. Hinzu kommt noch, daß
der weiße König als Verteidigungsfigur eine Rolle spielen kann, sobald die Damen nicht mehr auf
dem Brett sind. Indessen bedeutet
ein Zug wie 14. Dc1 den Verzicht
auf jeden Versuch einer Initiative
und enthält damit das Eingeständnis,
daß man als Weißer im Aufbau
Fehler gemacht hat. Und es ist nicht
immer leicht, das zuzugeben.

14. ...   Ta8—c8!
15. c2—c3   a7—a6!
Zur Vorbereitung des folgenden
Zuges.
16. Sf3—e5   Lc6—b5!!
Ein wesentlicher Teil der schwarzen
Strategie. Um den Druck gegen c3
zu verstärken, nimmt Schwarz einen Doppelbauern in Kauf, der andererseits aber wieder beim Angriff
mitwirkt, indem er das Vordringen
des weißen c-Bauern nach c4 verhindert.
17. f2—f3
Untersuchen wir 17. Lb5: ab5: (17.
... Se4, 18. Dc1! Dc1:, 19. Tfc1:
ab5:, 20. c4! führt nur zu gleichem
Spiel) und nun:
1. 18. Tfc1 Se4, 19. De3 (19. Dd3?,
dann 19. ... Db2! oder sogar
19. ... Sc3:), 19. ... Tc7
a) 20. c4 bc4:, 21. bc4: De3:, 22.
fe3: f6 mit Bauerngewinn.
b) 20. f3 Sd6, 21. Tc2 Tfc8, 22.
Tac1 b4! wieder mit Bauerngewinn, da 23. c4 nach 23. ...
dc4: an der ungedeckten Stellung der De3 scheitert.
2. 18. f3 Tc7, 19. Tfc1 Tfc8, 20.
Tc2 Se8, 21. Tac1 Sd6 und
Schwarz hat den Vormarsch c3
—c4 verhindert, so daß die
weiße Stellung unter Druck
bleibt.
Es ist nützlich, solche und ähnliche Varianten zu untersuchen,
weil sie einen Einblick in die Angriffsmöglichkeiten auf dem Damenflügel bieten.
17. ... .   Lb5 × d3
18. Se5 × d3   Tc8—c7
19. Ta1—c1   Tf8—c8
20. Tc1—c2   Sf6—e8
21. Tf1—c1   Se8—d6

26

Weiß am Zuge

Alle Streitkräfte sind an den wichtigsten Punkten zusammengezogen: die schwarzen Türme bedrohen c3 und der schwarze Springer beobachtet c4, wogegen weiße Dame und Türme c3 schützen und der weiße Springer sich die Wahl zwischen e5 und c5 noch vorbehält.

22. Sd3—e5?
Ein verkehrter Rösselsprung, der Weiß in große Gefahr bringt. Richtig war 22. Sc5, um den Springer notfalls von a4 aus an der Verteidigung der Schwäche c3 mitwirken zu lassen.

Schwarz kann darauf 22. ... e5 antworten, aber auch dann spielt Weiß 23. Sa4, wonach sich der schwarze Bauernvorstoß nur als Schwächung der eigenen Stellung erweist, die der weißen Dame Ausfallmöglichkeiten schafft.

Die richtige Fortsetzung besteht in diesem Falle in (22. Sc5) b6, 23. Sa4 Tc6 (jedoch nicht 23. ... b5?, 24. Sc5! Sb7, 25. b4, und Schwarz hat nichts mehr. Man sagt sehr charakteristisch: die weiße Schwäche auf c3 ist „plombiert"), 24. Dd3 Ta8 (Deckung von a6) und nun folgt 25. ... Sb7 (um Feld c5 zu beobachten) nebst 26. ... b5 und

danach 27. ... Tac8 mit Auffrischung des Angriffs.

Weiß muß einstweilen noch Ta1 spielen (nach dem erzwungenen Rückzug seines Springers nach b2) und kann im übrigen nicht viel ausrichten.

Man sieht, so ein Angriff auf dem Damenflügel ist eigentlich zu keiner Zeit definitiv abgeschlagen und die Verteidigung steht deshalb vor einer schwierigen, um nicht zu sagen: hoffnungslosen Aufgabe.

Passen Sie deshalb auf, daß Sie niemals in die Zange geraten und seien Sie vorsichtig mit Zügen wie 8. Sbd2, wodurch 10. ... La3 zugelassen wird.

22. ...   **Da3—a5!**
Der Augenblick ist gekommen, die Dame direkt am Angriff teilnehmen zu lassen. Jetzt droht c3 durch 23. ... Sb5 zum vierten Male angegriffen zu werden.

23. a2—a4?
Verhindert Sb5 und bereitet weiter folgenden Plan vor: Weiß bringt seinen Springer über d3 nach c5 und läßt danach b4 nebst a5 folgen, ähnlich der in einer Anmerkung kurz zuvor skizzierten „Plombierung".

Schwarz braucht aber dieses Manöver nicht zuzulassen und kann bereits vorher entscheidende Schläge austeilen.

An Stelle des Textzuges sollte wieder 23. Sd3 geschehen; z. B. 23. ... Sb5 und nun nicht:

I. 24. Sb4? wegen 24. ... Sa3, 25. Tb2 Db4:!, 26. cb4: Tc1:†, 27. Kf2 Tc1c2 usw.
sondern:

2. 24. Sc5 b6, 25. Sa4 und nach 25.
... Sd6 kann Weiß noch 26. c4
versuchen.

23. ...   Da5—b6!

27

Weiß am Zuge

Jetzt ist Bauerngewinn unvermeidlich, wie sich aus folgenden Varianten ergibt:

1. 24. b4 a5!
   a) 25. ba5: Da5: und Weiß kann a4 nicht decken, ohne c3 im Stich zu lassen.
   b) 25. Tb2 f6, 26. ba5: Da5:, 27. Sd3 Sc4.
   c) 25. Tb1 ab4:, 26. Tb4: Db4:, 27. cb4: Tc2:, 28. Df4 (andere Damenzüge kosten sofort die Königin), 28. ... Tc1†, 29. Kf2 Sf5! usw.

d) 25. b5 Sc4, 26. Sc4: (26. De2 kommt etwa auf dasselbe hinaus), 26. ... Tc4:, 27. Ta2 e5! usw.

2. 24. Tb2 Sf5! (droht 25. ... Sd4:!), 25. Tbb1 f6
   a) 26. Sd3 Tc3:!, 27. Tc3: Dd4:†.
   b) 26. Sg4 e5 mit Eroberung von d4.

3. 24. Tb1 Sf5! führt zur gleichen Stellung.

Man beachte, wie Schwarz sich allerlei Nebenumstände (wie z. B. den diagonalen Stand von Kg1 und Db6) zunutze machen muß, um sein Ziel zu erreichen.

24. Se5—d3

Weiß gibt den Bauern preis und versucht noch eine kleine Gegenaktion, aber dies bedeutet nur einen Aufschub der Exekution. Der Rest folgt ohne Kommentar.

24. ... Db6×b3, 25. Sd3—c5 Db3—b6, 26. Tc2—b2, Db6—a7, 27. Dd2—e1 b7—b6, 28. Sc5—d3 Tc7—c4, 29. a4—a5 b6×a5, 30. Sd3—c5 Sd6—b5, 31. Tb2—e2 Sb5 ×d4!, 32. c3×d4 Tc8×c5! Weiß gab auf.

Was war also der **Plan** von Schwarz in Diagrammstellung 25?
Antwort: ein Angriff gegen den weißen Damenflügel, im besonderen eine Aktion gegen den weißen c-Bauern. Die Ausführung dieses Planes umfaßt:

1. Verdoppelung der schwarzen Türme in der c-Linie.
2. Beseitigung der schützenden Figur (Ld3) durch Tausch (a6 und Lb5).
3. Verhinderung der Auflösung der Schwäche durch Beherrschung des Feldes c4 (u. a. durch das Manöver Sf6—e8—d6).
4. Geeignete Aufstellung der übrigen Steine, die im Augenblick der entscheidenden Kombination auf den richtigen Posten stehen müssen (Da3—a5—b6, Sd6—b5, e6—e5).

Wir haben gesehen, daß das Entstehen einer zweiten Schwäche (b3 nach 24. a2—a4?) ein schnelles Debakel zur Folge hatte, und so ist es im allgemeinen: Das Verteidigen einer Schwäche ist eine schwierige, von mehreren Schwächen eine fast unmögliche Aufgabe (siehe auch Abschnitt VII).

In dieser Hinsicht ist das folgende Beispiel (wieder eine Partie von Capablanca) besonders charakteristisch. Schwarz opfert (oder verliert) einen Bauern am Damenflügel, aber danach entstehen offene Angriffslinien, auf denen die weißen Damenflügelbauern bedroht werden können — so vielfältig und variiert, daß die Verteidigung nicht lange standzuhalten vermag.

Nach 1. e2—e4 e7—e5, 2. Sg1—f3 Sb8—c6, 3. Sb1—c3 Sg8—f6, 4. Lf1 —b5 d7—d6, 5. d2—d4 Lc8—d7, 6. Lb5×c6 Ld7×c6, 7. Dd1—d3 e5×d4, 8. Sf3×d4 g7—g6, 9. Sd4 ×c6 b7×c6, 10. Dd3—a6 Dd8—d7, 11. Da6—b7 Ta8—c8, 12. Db7 ×a7 Lf8—g7 (Nimzcwitsch—Capablanca, St. Petersburg 1914) urteilte die Theorie: Schwarz hat einen starken Angriff für den Bauern.

28

Weiß am Zuge

Wenn hier von Angriff die Rede ist, dann bedeutet dies Angriff auf dem Damenflügel. Wohl hat Weiß dort keine schwachen Punkte, aber Schwarz verfügt über offene Angriffslinien (a- und b-Linie sowie vor allem die Diagonale g7—b2), wodurch er immer wieder neue Möglichkeiten erhält, den weißen Damenflügel unter Druck zu halten.

Doch bin ich davon überzeugt, daß kein Theoretiker es gewagt hätte, diese Stellung als chancenreich für Schwarz zu bezeichnen, wenn nicht das Beispiel der Großen eine so deutliche Sprache gesprochen hätte.

Vermutlich hätten wir uns sonst mit dem Urteil begnügen müssen: „Schwarz hat einige Kompensation für den verlorenen Bauern."

Sehen wir nun, wie Schwarz seine Chancen wahrnahm.

13.   o—o   o—o
14. Da7—a6

Um die Dame nach d3 zu bringen; Weiß will nur verteidigen. Es ist für unser Thema nicht wichtig zu untersuchen, ob eine unternehmendere Haltung für Weiß günstiger gewesen wäre, aber wahrscheinlich ist dies wohl. Es hätte kaum schlechter als in der Partie kommen können.

14. ...   Tf8—e8
15. Da6—d3   Dd7—e6

Greift e4 nochmals an und bereitet außerdem das wichtige Manöver Sf6—d7—e5—c4 vor.

16. f2—f3   Sf6—d7
17. Lc1—d2   Sd7—e5
18. Dd3—e2   Se5—c4

(siehe Diagramm 29).

Nun ist plötzlich der schwarze Angriff in vollem Gange. Das erste Objekt ist der Bauer b2, und die be-

29

Weiß am Zuge

sondere Bedeutung des Lg7 für den Angriff erhellt aus der folgenden kleinen Kombination: 19. b3? Ld4†, 20. Kh1 Sd2:, 21. Dd2: De5 und gewinnt (22. f4 Lc3:). Man begreift nun auch, warum Schwarz mit einem seiner vorhergehenden Züge f2—f3 erzwungen hat: so ein Schach auf d4 kann sich jederzeit bezahlt machen.

19. Ta1—b1   Tc8—a8!

30

Weiß am Zuge

Schwarz nimmt die zweite Schwäche unter Feuer. Weiß kann nun Bauernverlust bereits nicht mehr vermeiden. Zwar ist dies unter den gegebenen Umständen noch nicht so schlimm (Weiß hat ja einen Bauern mehr und kann also ruhig einen entbehren), aber Weiß muß

es so einrichten, daß er mit der Rückgabe des Bauern seinen positionellen Rückstand wieder aufholt. Z. B. 20. b3 Sa3, 21. Tc1 Lc3:, 22. Lc3: Sb5, 23. Lb2 Ta2:, 24. Tb1 und Weiß steht sehr gut, weil sein Lb2 große Aktivität entwickelt.

In der Tat ist 20. b3! jetzt der beste Zug für Weiß, doch braucht Schwarz nicht auf die gegebene Abwicklung einzugehen. Er hat Stärkeres: 20. b3! Sd2:!, 21. Dd2: und nun

nicht 1. 21. . . . . Lc3:?, 22. Dc3:, und Schwarz gewinnt nicht einmal seinen Bauern zurück, da c6 hängt; auch nicht 2. 21. . . . De5? wegen 22. Sa4!, und Weiß steht sicher,

sondern 3. 21. . . . Ta3! und nun kann Schwarz in einem beliebigen Augenblick den Ba2 erobern, indem er den Sc3 verjagt (22. Tfe1 De5, 23. Te3? Lh6). Schwarz behält danach noch immer das bessere Spiel, weil der schwarze Läufer stärker ist als der weiße Springer.

20. a2—a4?

Dieser Zug würde nur dann gut sein, wenn Weiß noch Zeit hätte, b2—b3 folgen zu lassen. Das ist aber nicht der Fall.

20. . . .   Sc4 × d2
21. De2 × d2   De6—c4!

Dies trifft den Nagel auf den Kopf. Weiß kann sich nicht mehr rühren, b2—b3 ist unmöglich geworden, a4 zum Tode verurteilt und auch b2 bedroht.

22. Tf1—d1

22. Dd3 Dc5† bringt keine Erleichterung.

22. . . .   Te8—b8!

Man sieht, wie vorsichtig Schwarz bei der Eroberung seines Bauern zu Werke geht; vor allem keine Übereilung durch unzeitigen Tausch auf c3.

23. Dd2—e3

Schwarz drohte mit 23. ... Tb2:, 24. Tb2: Lc3: selbst einen Bauern mehr zu behalten.

23. ...   Tb8—b4!

Droht 24. ... Ld4.

24. De3—g5   Lg7—d4†
25. Kg1—h1   Ta8—b8

31

Weiß am Zuge

Die weiße Stellung fällt nun wie ein Kartenhaus zusammen. Es droht Figurengewinn durch 26. ... Lc3:. Zieht der Tb1, dann fällt Bb2 und anschließend auch c2, eventuell mit Angriff. Der weiße Springer hat kein einziges Feld.

26. Td1 × d4

Auf diese Weise hält Weiß noch am längsten stand. Schwarz hätte deshalb vielleicht besser getan, auf das Schach im 24. Zuge zu verzichten und sofort 24. ... Tab8 zu spielen. Aber das ist eigentlich gehupft wie gesprungen; die Partie ist in jedem Falle gewonnen. Es folgte noch 26. ... Dc4 × d4, 27. Tb1—d1, Dd4—c4 28. h2—h4 Tb4 × b2, 29. Dg5—d2 Dc4 —c5, 30. Td1—e1, Dc5—h5, 31. Te1—a1 Dh5 × h4†, 32. Kh1—g1 Dh4—h5, 33. a4—a5 Tb8 —a8, 34. a5—a6 Dh5—c5†, 35. Kg1—h1 Dc5—c4, 36. a6—a7 Dc4 —c5, 37. e4—e5 Dc5 × e5, 38. Ta1 —a4 De5—h5†, 39. Kh1—g1 Dh5 —c5†, 40. Kg1—h2 d6—d5, 41. Ta4—h4 Ta8 × a7
Weiß gab auf.

Dem schönen Zusammenspiel der schwarzen Figuren, insbesondere des Sc4 und Lg7, war die Verteidigung nicht gewachsen. Das Merkwürdige ist, daß Weiß keine besonderen Schwächen hatte; aber Schwarz verfügte über offene Linien und war dadurch in der Lage, die weißen Bauern auf ihrem Ausgangsfeld anzugreifen.

Offene senkrechte und waagerechte Linien sind im allgemeinen die Kennzeichen, auf denen unser Urteil beruht, wenn wir die Gelegenheit für einen Angriff auf dem Damenflügel für gekommen halten.

Aber dieser braucht sich nicht — wie in den bisher behandelten Beispielen — gegen Bauern zu richten. Er kann auch in der Beherrschung gegnerischen Raumes oder in der Hemmung seiner Entwicklung bestehen, und so fort.

Ein gutes Vorbild bietet der folgende Partieschluß.

1. d2—d4 d7—d5, 2. c2—c4 e7—e6, 3. Sb1—c3 Sg8—f6, 4. Lc1—g5 Lf8—e7, 5. e2—e3 o—o, 6. Sg1—f3 Sb8—d7, 7. Dd1—c2 c7—c6, 8. Ta1 —d1 a7—a6, 9. a2—a3 Tf8—e8, 10. Lf1—d3 d5 × c4, 11. Ld3 × c4 Sf6 —d5, 12. Lg5 × e7 Dd8 × e7, 13. Sc3—e4 Sd5—f6, 14. Lc4—d3! Sf6

×e4, 15. Ld3×e4 h7—h6, 16. o—o
(E. Eliskases—S. Landau, Noord-
wijk 1938) Weiß steht besser.

32

Schwarz am Zuge

Anscheinend ist nicht viel los.
Schwarz ist noch nicht vollständig
entwickelt, seine Stellung macht jedoch einen soliden Eindruck. Wenn
wir aber die Lage etwas genauer betrachten, ist die Sache für Schwarz
doch nicht so einfach, vor allem im
Hinblick auf die Entwicklung des
Lc8. Man darf sich nicht mit der
simplen Redewendung begnügen:
„Schwarz läßt Sf6 und Ld7 folgen,
und damit fertig", denn dann ist
der Läufer wohl „gezogen", aber
noch nicht „entwickelt" worden.
Der Verlauf der Partie verdeutlicht
diesen Gedankengang.

16. ...   c6—c5

Die Bedeutung dieses Zuges begreifen wir bereits: sobald der
schwarze Läufer nach d7 kommt,
hat er nun einen freien Auslauf in
Richtung a4.

17. Td1—c1 !   c5×d4
18. e3×d4   Sd7—f6
19. Sf3—e5

Weiß braucht den Tausch auf e4
nicht zu fürchten, denn damit kann

30

Schwarz das Problem des Lc8 nicht
lösen.

19. ...   Ta8—b8

Mit deutlichen Absichten. Schwarz
will nun endlich den Lc8 ins Spiel
bringen.

20. Le4—f3   Lc8—d7
21. Dc2—c5!

33

Schwarz am Zuge

Ein ausgezeichneter Zug. Weiß verhindert, daß Schwarz die c-Linie
mit einem seiner Türme besetzt,
was zu einer schnellen Nivellierung
der Chancen geführt hätte. Auf 21.
... Tbc8 folgt nämlich 22. De7:
Te7:, 23. Lb7: mit Bauerngewinn.
Schwarz kann auch nicht gut die
Damen tauschen, denn nach 21. ...
Dc5:, 22. dc5:! hätte Weiß die
wohlbekannte Mehrheit auf dem
Damenflügel (siehe den vorigen Abschnitt), welche hier durch den gut
postierten Lf3 besonders wertvoll
wäre.

21. ...   Ld7—b5
22. Tf1—d1   Kg8—f8

Im Hinblick auf ein bald zu erwar-
tendes Endspiel bringt Schwarz seinen König heran. Den Vorzug verdiente jedoch 22. ... Dd8 nebst
23. ... Te7 mit einer zwar un-
freien, aber festen Stellung.

23. b2—b3!
Kaum erfreut sich der schwarze Läufer der gewonnenen Freiheit, da wird er schon mit Einschließung bedroht: 24. a4, und es bleibt nichts anderes als 24. ... Ld7. Nicht einmal Feld e8 kann Schwarz für den Läuferrückzug freimachen: 23. ... Ted8 kostet nach 24. De7:† Ke7:, 25. Tc7† wenigstens einen Bauern.

In diesem Zusammenhang sei noch auf das in der vorigen Anmerkung empfohlene Manöver Dd8 und Te7 hingewiesen, das zugleich das Feld e8 für den schwarzen Läufer freigemacht und so die Schwierigkeiten für Schwarz nicht unwesentlich gemindert hätte.

23. ...   b7—b6
Eine Schwächung, aber Schwarz hat nun nichts Besseres.

24. Dc5—c7

34

Schwarz am Zuge

Schwarz ist in eine schwierige Lage geraten. So zum Beispiel wäre das mit dem vorigen Zug beabsichtigte 25. ... a5, um nach 26. a4 den Läufer nach a6 zurückzuziehen, nicht gut, weil Weiß die Damen tauscht und mit Sc6 die Qualität gewinnt. Weiter hat auch 25. ... Dc7:, 26.

Tc7: Te7, 27. Tdc1 große Bedenken, und schließlich führt das tatsächlich gespielte 24. ... Tec8 zu einem Spiel ganz anderer Art, bei dem aber auch Weiß die besseren Chancen hat.

Der Angriff auf dem Damenflügel hat also Erfolg gehabt. Dieser Angriff bestand in:

1. der Eroberung der c-Linie,
2. der Hemmung der Entwicklung des Lc8 durch Druck auf b7,
3. der Beherrschung und eventuell Besetzung wichtiger Punkte in der feindlichen Stellung (d7, c5 und c7),
4. der Jagd auf den schwarzen Läufer (b3 und a4).

In der zitierten Partie folgte noch:
24. ... Te8—c8, 25. Dc7 × c8† Tb8 × c8, 26. Tc1 × c8† Lb5—e8
Zwei Türme sind im allgemeinen stärker als die Dame und besonders hier, wo eine feindliche Figur gebunden werden kann. Das legt nämlich Verpflichtungen auf und bedeutet eine wesentliche Einschränkung der Wirkungskraft der Dame; und gerade diese ist es doch, die das Gegengewicht gegen die massive Wirkung der Türme bilden soll.

27. b3—b4   a6—a5
28. b4 × a5   b6 × a5
29. a3—a4   De7—d6?
Die Dame wagt sich aus dem Haus und das wird schnell verhängnisvoll. Notwendig war die Entfesselung durch g5 und Kg7.

30. Lf3—c6   Kf8—e7
31. Td1—b1   Dd6 × d4
32. Lc6 × e8   Dd4—e4
32. ... Se8:? kostet die Dame (33. Sc6†) und 32. ... De5: ebenfalls (33. Tb7† Kd6, 34. Td8† Kc5, 35. Tb5† usw.).

33. Se5—c6† Ke7—d6, 34. Tb1—
d1† Sf6—d5, 35. Tc8—d8† Kd6—
c5, 36. Td1—c1† Kc5—b6, 37. Sc6
—b8 Sd5—c3, 38. Td8—d6† Kb6
—a7, 39. Sb8—c6† Ka7—b6, 40.
Sc6—e7† Kb6—a7, 41. Td6—d7†
Ka7—a6, 42. Se7—c8!

Schwarz gab auf.

Zum Schluß folgt ein Beispiel von
wieder ganz anderer Art, in dem
der Angreifer nicht auf Bauern oder
Felder jagt, sondern auf edleres
Wild.

Zur Vorbereitung dieses Beispiels
sei eine kurze Betrachtung über
eine oft vorkommende Aktion
gegen Damenflügelbauern voraus-
geschickt, wenn Schwarz das Damengambit annimmt und den Gambitbauern zu behaupten trachtet.
Hier die einfachste Form:

1. d2—d4 d7—d5, 2. c2—c4 d5×c4,
3 Sg1—f3 Sg8—f6, 4. e2—e3 b7—b5
Diese Fortsetzung steht als weniger
günstig für Schwarz zu Buch, weil
Weiß mit einem charakteristischen
Manöver den Bauern immer zu-
rückgewinnt:

35

Weiß am Zuge

5. a2—a4!
Weiß trachtet die schwarzen Vorposten zu isolieren, um sie danach

beide zu erobern; z. B. 5. . . . ba4:,
6. Lc4: Ld7, 7. Sc3, oder auch sofort 6. Da4:† Ld7, 7. Dc4:.

5. . . .   c7—c6
Es ist klar, daß 5. . . . a6 nur eine
Scheindeckung bedeutet (6. ab5:)
und daß 5. . . . Ld7 nach 6. ab5: Lb5:,
7. Sa3 oder 7. Lc4: (7. . . . Lc4:, 8.
Da4†) ebenfalls nutzlos ist.

6. a4×b5   c6×b5
7. b2—b3!
Das ist die Pointe der weißen Aktion. Schwarz kann die Eroberung
des Gambitbauern nicht mehr verhindern, z. B.

1. 7. . . . cb3:, 8. Lb5:† Ld7, 9. Db3:
2. 7. . . . La6?, 8. bc4: bc4:, 9. Ta6:!
   Sa6:, 10. Da4† mit materiellem
   Vorteil.
3. 7. . . . Le6, 8. bc4: bc4: und nun
   nicht
   a) 9. Lc4:? Lc4:, 10. Da4† Sd7,
      11. Dc4: Tc8! und Schwarz
      gewinnt,
   sondern
   b) 9. Se5 Dc7, 10. Da4† (oder
      10. Sa3 oder 10. Lc4:), 10. . . .
      Sbd7, 11. Lc4: Lc4:, 12. Sc4:
      Tc8, 13. Sbd2.

Die Eroberung des Gambitbauern
ist in der Regel mit einer Verbes-
serung der weißen Stellung verbunden, denn Schwarz bleibt mit
einem isolierten a-Bauern sitzen,
während die weiße Bauernformation gut verbunden ist.

Doch gibt es auch Varianten, bei
denen Schwarz entweder den Gambitbauern behält oder ihn bei guter
Position zurückgibt.

Zwei Beispiele:
1. d2—d4 d7—d5, 2. c2—c4 e7—e6,
3. Sb1—c3 c7—c6. 4. Sg1—f3 d5
×c4 5. e2—e3 (besser 5. a4) 5. . . .

b7—b5, 6. a2—a4 Lf8—b4, 7. Lc1—d2 Dd8—b6! (7. ... a6 würde nicht helfen: 8. ab5: cb5:, 9. Sb5:! oder 8. ... Lc3:, 9. Lc3: cb5:, 10. b3! cb3:, 11. Lb5:† usw.).

1. d2—d4 d7—d5, 2. c2—c4 c7—c6, 3. Sg1—f3 Sg8—f6, 4. Sb1—c3

d5 × c4, 5. e2—e3 (besser 5. a4). 5. ... b7—b5, 6. a2—a4 b5—b4, 7, Sc3—a2 e7—e6, 8. Lf1 × c4 Lc8—b7 und Schwarz steht befriedigend, da sich Sa2 noch außer Spiel befindet.

Wir haben aus dem Vorhergehenden gesehen, über welche Angriffsmöglichkeiten Weiß im Kampf gegen eine schwarze Bauernkette b5—c4 oder a6—b5—c4 verfügt.

Capablanca—Spielmann, New York 1927.

1. d2—d4 d7—d5, 2. c2—c4 e7—e6, 3. Sb1—c3 Sg8—f6, 4. Lc1—g5 Sb8—d7, 5. e2—e3 Lf8—b4, 6. c4 × d5 e6 × d5, 7. Dd1—a4 Lb4 × c3†, 8. b2 × c3 o—o, 9. Sg1—f3 c7—c5, 10. Lf1—d3 c5—c4, 11. Ld3—c2 Dd8—e7, 12. o—o a7—a6, 13. Tf1—e1 De7—e6, 14. Sf3—d2 b7—b5, 15. Da4—a5

Schwarz am Zuge

36

Die Theorie urteilt mit +, Weiß steht besser. Er hat Angriffschancen auf dem Damenflügel, einmal wegen der Möglichkeit a2—a4 mit Schwächung der schwarzen Bauernstellung, dann aber auch auf Grund der weit vorgeschobenen und trotzdem völlig sicheren Position der weißen Dame.

Zu jedem dieser Argumente eine Bemerkung:

1. Im Vergleich mit dem vorigen Beispiel ist hier die Aktion gegen a6—b5—c4 viel schlapper, weil a) der Zug b2—b3 fehlt und b) der schwarze Bc4 doppelt gedeckt ist, so daß nach einem eventuellen ba4: dieser Bauer noch nicht hilfsbedürftig erscheint. — Demgegenüber steht c), daß Weiß hier gleiche Bauern hat, so daß die Aktion nicht unbedingt Bauerngewinn zu bringen braucht.

2. Die Dame ist die stärkste Figur und kann auf einem Vorposten enorm viel Wirksamkeit entfalten. Andererseits ist die Dame auch die am meisten gefährdete Figur, aber in der gegebenen Stellung steht sie weit aus dem

Bereich der leichten Figuren von Schwarz (dem besonders der Läufer auf schwarzen Feldern fehlt) und kann darum an dem Angriff auf dem schwarzen Damenflügel großen Anteil nehmen.

Es folgte:

Schwarz am Zuge

37

15. ...   Sf6—e4?

Der nun folgende Tausch schwächt c4 und ist also zu verwerfen. Schwarz strebt jedoch nach einer anscheinend vollkommen sicheren Stellung, welcher Plan aber mit einer hübschen Kombination von Weiß durchkreuzt wird.

Besser war 15. ... Lb7, um 16. Dc7 mit 16. ... Dc6 zu beantworten, obwohl Weiß in diesem Endspiel etwas im Vorteil ist.

16. Sd2 × e4   d5 × e4
17. a2—a4!

Wie zu erwarten war.

17. ...   De6—d5

Auf diesen Zwischenzug, der den Lg5 angreift, hatte Schwarz seine Verteidigung gegründet. Nach 18. Lf4 Lb7 würde er jetzt befriedigend stehen.

18. a4 × b5!!

Ein fatale Überraschung. Weiß opfert eine Figur und mit Recht, wie die Folge lehrt.

18. ...   Dd5 × g5

Natürlich würde 18. ... Db5:?? nach 19. Db5: einen Turm kosten.

19. Lc2 × e4 (s. Diagramm 37).

Wenn Schwarz nun 19. ... Ta7 zieht, folgt die eigentliche Pointe der Kombination: 20. b6! Da5:, 21. ba7:!! und nun

1. 21. ... Lb7, 22. Ta5: Le4:, 23. Ta6: und Weiß hat mit Turm und drei Bauern (worunter eine solche Kraft wie a7) gegen zwei leichte Figuren einen klaren Gewinn.

2. 21. ... Da1:, 22. Ta1: Sb6, 23. a8D Sa8:, 24. La8: mit gesundem Mehrbauern für Weiß. Außerdem werden sich a6 und c4 bald als unhaltbar erweisen.

19. ...   Ta8—b8

Ebenfalls ungenügend.

20. b5 × a6   Tb8—b5
21. Da5—c7   Sd7—b6
22. a6—a7   Lc8—h3

Ein letzter Versuch.

23. Te1—b1!   Tb5 × b1
24. Ta1 × b1   t7—f5
25. Le4—f3   f5—f4
26. e3 × f4

Schwarz gab auf.

Springer gegen schlechten Läufer

Bei der Behandlung der Partie Botwinnik—Konstantinopolsky (siehe Abschnitt II) kamen wir zu der untenstehenden Diagrammstellung, welche wir jetzt einer näheren Analyse unterziehen wollen.

Stellung nach 19. . . . Te8 × e5.

Weiß am Zuge

38

Wir haben bereits festgestellt, daß Weiß besser steht, ohne indessen dieses Urteil genau zu begründen. Allerdings bemerkten wir, daß die weiße Bauernmehrheit auf dem Damenflügel ihre Bedeutung verloren hat: die Tatsache, daß Weiß mit a3—a4 und b2—b4—b5 eventuell einen Freibauern erlangen kann, ist sicher nicht wesentlicher als die, daß Schwarz bereits einen Freibauern besitzt.

Warum also steht Weiß doch besser? Weil Schwarz einen schlechten Läufer hat. Lassen Sie uns diese Behauptung näher erklären und präzisieren. Der schwarze Läufer ist schlecht, weil seine eigenen Bauern (hauptsächlich c6, d5 und f5) ihn in seiner Bewegungsfreiheit behindern. Die anderen schwarzen Bauern tun dies nicht, und dies bringt uns auf die Frage: Wann beginnt der Läufer „schlecht“ zu werden, bei ein, zwei oder drei hemmenden Bauern? Die Antwort ist nicht exakt zu geben, doch können wir immerhin feststellen, daß Behinderungen durch Mittelbauern (c, d, e oder f) am meisten stören und deshalb den Ausschlag geben. Weiterhin ist ein schlechter Läufer kein absoluter Begriff; es gibt Unterschiede. Steht zum Beispiel kein schwarzer Bauer auf f5, dann wäre der Ld7 bereits weniger schlecht; und fehlt der Bauer d5, dann kann man den schwarzen Läufer kaum noch schlecht nennen.

Hieraus folgt zugleich, welches Ziel Weiß in erster Linie anstreben muß: *zu verhindern, daß die den Läufer hemmenden feindlichen Bauern ihren Platz verlassen.* Das bedeutet also in diesem Falle, f5—f4 und d5—d4 zu hintertreiben.

Wir werden nun erst den Verlauf der Partie geben, um daraus weitere Richtlinien abzuleiten.

20. f2—f4!

Im Licht der voraufgegangenen Betrachtungen ist dieser Zug vollkommen klar: f5 wird festgelegt, um die Bewegungsfreiheit des Ld7 einzuschränken.

20. ... Te5—e7

20. ... Te3 wird mit 21. Kf2! beantwortet, und darauf geht 21. ... d4 nicht wegen 22. Tfd1! mit Bauerngewinn.

21. Tf1—e1

Turmtausch verstärkt im allgemeinen das Übergewicht des Springers gegen den schlechten Läufer.

21. ... Tf8—e8

Schwarz darf die offene Linie dem Gegner nicht kampflos überlassen, damit dieser nicht eventuell in die schwarze Stellung eindringt.

22. Te1 × e7   Te8 × e7
23. Kg1—f2 (s. Diagramm 39).

Um schließlich auch den zweiten Turm zu tauschen, wonach das Springer—Läufer-Endspiel für Weiß gewonnen wäre. Es ist wichtig, dies zu allererst zu untersuchen. Nehmen wir an, daß Schwarz in der Diagrammstellung 23. ... Lc8 spielt, um den Läufer über a6 nach c4 zu bringen, wo er viel weniger durch seine Bauern behindert wird — im allgemeinen ein sehr gesunder Plan. Das Spiel kann nun wie folgt weitergehen: (23. ... Lc8) 24. Te1, Te1: (praktisch erzwungen.) 25. Ke1: La6, 26. b3 (um Lc4 zu verhindern) 26. ... Kf7, 27. Kd2 Ke6, 28. Ke3 Lf1, 29. g3 g6, 30. Kd4. Die jetzt erreichte Stellung sei im Diagramm festgehalten.

39

Schwarz am Zuge

40

Schwarz am Zuge

Bisher waren die beiderseitigen Züge keineswegs erzwungen; aber es würde zu weit führen und außerdem verwirrend wirken, eine vollständige Untersuchung anzustellen. Unsere Aufgabe ist vor allem, einen Einblick in die verschiedenen Gewinnmöglichkeiten zu geben, ohne uns allzusehr in Feinheiten zu verlieren.

Die schwarze Bauernstellung ist nun — besonders auch durch die starke Position des weißen Königs — festgelegt, aber der schwarze Läufer befindet sich außerhalb der Bauernkette und wird durch seine Bauern nicht besonders gehemmt. Die Nachteile des schlechten Läufers sind hier mehr indirekt; sie bestehen darin, daß der schwarze Läufer und fast alle schwarzen Bauern auf weißen Feldern stehen, so daß die schwarzen Felder sehr verwundbar sind und leicht in die Hände von Weiß fallen können. Das wichtige Feld d4 ist von Weiß bereits besetzt, und der schwarze König muß auf seinem Posten bleiben, um es zu schützen. Schwarz kann nichts unternehmen und bleibt auf die Verteidigung beschränkt. Aber was hat Weiß für Möglichkeiten? Mehr als auf den ersten Blick scheint.

Der weiße Springer kann über a2 und b4 den Bauern c6 angreifen; Verteidigung durch Lb5 hat wegen a3—a4 keinen Zweck. Deckt aber der schwarze König von d7 aus, dann wird das Feld e5 frei und damit der Weg zu den Königsflügelbauern (über f6—g7). Schwarz tut deshalb am besten, Sb4 (nach Sa2) durch a7—a5 zu verhindern; aber dann erhält Weiß Gelegenheit, sich mittels b3—b4 und Sa2 × b4 einen freien a-Bauern zu verschaffen. Wir sehen hieraus zugleich, wie ein solches Endspiel in allen Phasen größte Genauigkeit erfordert. Ein zu frühes b3—b4, ein an sich normaler Zug, würde die weißen Gewinnchancen auf ein Minimum reduzieren.

Erläutern wir das eben Gesagte noch an Hand zweier Varianten:

A) 30. ... La6, 31. Sa2 Le2, 32. Sb4 Kd7, 33. Ke5 Ld1, 34. Kf6 Lb3:, 35. Kg7 a5, 36. Sd3 Ke6, 37. Se5 d4, 38. Sc6: Kd5, 39. Sd4: Kd4:, 40. c6 a4, 41. c7 Le6, 42. Kh7: Kc3, 43. Kg6: Kb3, 44. h4 Ka3:, 45. h5 Kb3, 46. h6 a3, 47. h7 a2, 48. h8D und gewinnt.

B) 30. ... a5, 31. Sa2 Le2, 32. b4 ab4: (32. ... Lc4 dann 33, ba5:! während auf 32. ... a4 einfach, 33. Sc3 folgt), 33. Sb4: Lb5, 34. Sa2 Lc4, 35. Sc3 La6, 36. a4 Lf1, 37. Sa2 Lc4, 38. Sb4 Kd7, 39. Ke5 Kc7, 40. Kf6 d4, 41. Kg7 d3, 42. Sd3: Ld3:, 43. h4! (43. Kh7:?, dann 43. ... g5!), 43. ... Lc4, 44. Kh7: Lf7, 45. Kg7 Le8, 46. Kf8 Kd8, 47. a5 usw.

In der Tat halsbrecherische Methoden, um den Gewinn zu erzielen, und ich kann mir gut vorstellen, daß der Leser von dem zwangsläufigen Charakter der gegebenen Varianten keineswegs überzeugt ist. Das ist auch eigentlich nicht nötig. Hauptsache ist,

1. daß man sieht, wie Schwarz überhaupt nichts unternehmen kann, und daß die Feststellung, der Springer verdiene den Vorzug vor dem schlechten Läufer, zu Recht besteht.

2. daß man einen Einblick in die Methode bekommt, in der Gewinnversuche unternommen werden können: Kombination der Möglichkeiten Sc3—a2—b4 (Angriff auf c6), Sa2 und b4 (Bildung eines Freibauern) und Kd4—e5 (Eindringen des Königs).

Kehren wir jetzt zur Stellung 39 zurück, um die weitere Fortsetzung der Partie zu besprechen. Es dürfte nun wohl klar sein, daß Schwarz den Turmtausch vermeiden muß — wenigstens unter den gegebenen Umständen.

23. ...   Kg8—f7

Ein listiger Zug. Wenn Weiß nun tatsächlich auf Turmtausch spielt, erreicht er im Augenblick nichts: 24. Te1 Te1:, 25. Ke1: d4!, 26. Se2 Ke6, 27. Sd4:† Kd5, 28. Sb3 Kc4 und Schwarz gewinnt seinen Bauern bei befriedigender Stellung zurück: die Blockade ist gebrochen, die Verlustgefahr gewichen.

Im allgemeinen kann man feststellen, daß Schwarz die Partie rettet, wenn er ohne sofortige fatale Folgen d5—d4 spielen kann.

24. Tc1—d1!

Grundregel Nummer 1: die schwarzen Bauern auf weißer Farbe festzulegen.

24. ...   Te7—e8

Das Herausbringen des Läufers ist nicht ohne andere Zugeständnisse zu verwirklichen: 24. ... Lc8, 25. Se2! g6, 26. Sd4 Tc7 und der schwarze Turm ist inaktiv.

25. Td1—d2

Deckt b2 und bereitet Turmtausch vor.

25. ...   h7—h6
26. Td2—e2   Te8—b8

Nach 26. ... Te2:†, 27. Se2: hält Weiß das Feld d4 in Besitz, und das ist der Schlüssel zum Siege.

27. Kf2—e3

Näher lag 27. b4, aber dieser Zug hatte zwei Bedenken:

1. Weiß nimmt sich nach einem eventuellen Turmtausch die Mög-

lichkeit Sc3—a2—b4, und was noch wichtiger ist, er vermag nicht mehr einen Freibauern zu forcieren.

2. Schwarz kann mit 27. ... a5 eine Gegenaktion einleiten.

27. ...   Tb8—b3

Legt den weißen Damenflügel fest, aber nur vorübergehend.

28. Ke3—d4

Der König ist auf dem starken Feld angelangt und es droht bereits Kd4—e5—d6 usw.

28. ...   Kf7—f6
29. Sc3—a2   Tb3—b8

Auf 29. ... a5 folgt 30. Sc1 Tb8, 31. b3, womit ein späteres b3—b4 gesichert ist; man muß diesen Vorstoß jedoch vorzugsweise so ausführen, daß Weiß dabei einen freien a-Bauern bekommt.

30. b2—b4

41

Schwarz am Zuge

Ein kritischer Augenblick, denn Weiß gibt mit diesem Zuge die Möglichkeiten auf, von denen soeben die Rede war (Sc3—a2—b4 usw.), so daß das Springer-Läufer-Endspiel nun einen anderen Aspekt bekommt.

Untersuchen wir: 30. ... Te8, 31. Te8: (Erwägung verdient auch 31. Te5) 31. ... Le8:, 32. a4! (32.

b5 cb5:, 33. Kd5:? scheitert an
33. ... Lf7†) 32. ... a6, 33. b5!
und nun:

1. 33. ... ab5:, 34. a5 Ld7, 35. a6
Lc8, 36. Sb4 Ke6, 37. a7 Lb7,
38. Sa6 Kd7, 39. Ke5 g6, 40.
Kf6 und Weiß sitzt wieder am
längeren Hebelarm.
2. 33. ... cb5:, 34. a5 Ke6, 35. Sb4
und gewinnt.

Wenn Schwarz a7—a6 vermeidet
und etwa wie folgt fortsetzt: 32. ...
Ke6 (nach 30. ... Te8, 31. Te8:
Le8:, 32. a4!), dann spielt Weiß
ebenfalls sehr chancenreich 33. a5!
Ld7, 34. b5 cb5:, 35. Sb4. Auch
hier sehen wir wieder, daß die
Chancen ganz auf Seiten von Weiß
sind, doch tragen die Manöver hier
einen etwas anderen Charakter.

| 30. ... | g7—g5 |

30. ... a5 würde den weißen Plänen
entgegenkommen: 31. ba5: Tb3,
32. Sc3 Ta3:, 33. Ta2 oder 31. ...
Ta8, 32. Sc3 Ta5:, 33. a4. In beiden
Fällen verfügt Weiß über einen
starken Freibauern.

31. g2—g3	g5×f4
32. g3×f4	a7—a6
33. Sa2—c3	Tb8—g8

Schwarz beschließt, die Türme auf
dem Brett zu lassen, was in der
Praxis auch am chancenreichsten
ist.

| 34. a3—a4 | Tg8—g4 |
| 35. Te2—f2 | |

Der weiße Turm erfüllt die Aufgabe eines Verteidigers am Königsflügel, während die anderen Figuren unterdessen den Gewinnplan
am Damenflügel ausführen (s. Diagramm 42).
Interessant ist nun die weiße Gewinnfortsetzung, wenn Schwarz

42

Schwarz am Zuge

35. ... Le8 spielt: 36. b5 ab5:, 37.
ab5: cb5:, 38. Sd5:† Ke6 (38. ...
Kf7, 39. Se3 mit Bauerngewinn)
39. Te2† Kf7, 40. Te8:! Ke8:,
41. Sf6† Ke7, 42. Sg4: fg4:, 43. f5
h5, 44. c6 h4, 45. c7!, und Weiß
kommt gerade noch zuerst.

| 35. ... | Ld7—e6 |
| 36. b4—b5! | |

Der seit einigen Zügen in der Luft
liegende Durchbruch.

36. ...	a6×b5
37. a4×b5	c6×b5
38. Sc3×b5	Tg4—g1
39. Sb5—c3!	

Erst muß Weiß wieder verteidigen,
bevor er die Früchte seines Durchbruchs pflücken kann.

| 39. ... | Kf6—f7 |

Indirekte Deckung von d5:, 40. Sd5:?
Td1†.

| 40. Tf2—b2 | Tg1—f1 |
| 41. Sc3—e2 | |

Oder auch 41. Ke5 Te1†, 42. Se2!
(siehe die Partie); aber nicht 42.
Kd6 wegen 42. ... d4! Noch
immer muß Weiß mit der Freigabe
der Blockade des Bd5 vorsichtig
sein.

| 41. ... | Tf1—e1 |
| 42. Kd4—e5 | d5—d4 |

39

Das Bauernopfer bedeutet die beste Chance für Schwarz. Auf 42. ... Ke7 entscheidet 43. c6! d4, 44. Tb7† Kd8 45. Kd6 Te2:, 46. Tb8† Lc8, 47. c7† usw.

43. Ke5 × d4
Die weiße Strategie hat einen Bauern eingebracht und der Rest ist nun für unser Thema nicht mehr so wichtig. Es folgte noch: 43. ... Kg6, 44. Sc3 Kh5, 45. Te2 Te2:, 46. Se2: Kg4, 47. Ke5 Lc8, 48. Sd4 h5, 49. Sf5:! Ld7 (auf 49. ... Lf5: folgt 50. h3†!), 50. Sg7 La4, 51. f5 Kg5, 52. Se6† und Schwarz gab auf.

Eine kurze und allgemeine Zusammenfassung an Hand dieses Beispieles:
Urteil: Weiß steht besser, weil Schwarz den schlechten Läufer hat und Weiß in der Lage ist, die den Läufer hemmenden Bauern auf ihren Feldern festzulegen.

Plan:
1. Legen Sie die hemmenden Bauern fest (20. f4 und 24. Td1).
2. Besetzen Sie das Blockadefeld möglichst mit dem König (28. Kd4).
3. Stellen Sie die verschiedenen Durchbruchsmöglichkeiten auf und trachten Sie diese zu kombinieren (Untersuchung von Stellung 40).
4. Kleine Züge können große Folgen haben; so z. B. schaltet b2—b4 in bestimmten Augenblicken einige Möglichkeiten aus.
5. Rechnen Sie sehr genau, denn sobald die Blockade aufgehoben wird und der schwarze d-Bauer vorgehen kann, vermag eine einzige kleine Veränderung über Gewinn oder Verlust zu entscheiden.

Das folgende Beispiel zeigt ein Springer-Läufer-Endspiel, in welchem die Türme bereits vom Brett verschwunden sind.

Stellung nach 28. Kf1 × e1 (Eliskases-Flohr)

43

Schwarz am Zuge

Dies ist eine weitere Stellung des Abschnitts II, deren Untersuchung wir vertagt hatten, weil hier das hauptsächliche Thema dieses Kapitels (die Bauernmehrheit auf dem Damenflügel) nur eine untergeordnete Rolle spielt. Auch dieses Endspiel ist instruktiv, obwohl oder vielleicht besser weil beide Spieler sich Ungenauigkeiten zuschulden kommen ließen.

40

Auch hier sehen wir also wieder: Springer gegen schlechten Läufer; die Türme sind bereits verschwunden. Die Bauern e4 und d5 hindern den weißen Läufer in seinen Bewegungen, und die ungedeckte Stellung des Bauern e4 bindet den Läufer vorerst an die Felder f3, g2 und h1.

Unser **Urteil** lautet: Schwarz steht besser, aber wie sich zeigt, ist der Gewinn bei gutem Gegenspiel nicht zu erzwingen.

Der **Plan** besteht auch jetzt wieder in einer Verbindung von Möglichkeiten:

1. Vorrücken der schwarzen Damenflügelbauern a5, b5 usw.
2. Marsch des schwarzen Königs nach c5, d4 usw.
3. Handhabung und Verstärkung des Druckes auf e4.

Sehen wir nun, wie die Partie weiter verlief.

28. ...   f7—f5!

Schwarz geht gerade auf sein Ziel los und verstärkt unmittelbar den Druck gegen e4. Obendrein erreicht Schwarz mit diesem sofortigen Vorstoß, daß er nun nicht mehr mit dem gefährlichen Durchbruch f2—f4 als Antwort auf ein späteres f7—f5 zu rechnen braucht. In diesem Augenblick hat Schwarz auf 29. f4 die gute Antwort 29. ... Kf6!, die verhindert, daß Weiß zwei verbundene Freibauern bekommt (29. ... fe4: oder 29. ... Se4:, 30. fe5:).

29. f2—f3

Ein schwerer Entschluß für Weiß. Ein anderes System bestand in 29. ef5: gf5:, 30. f4 e4, wobei Weiß das Feld d4 erobert hat und nicht so schlecht steht. Schwarz spielt aber besser 29. ef5: Sf5:!, z. B. 30. Kd2 Kf6, 31. Kd3 Ke7 und nun:

1. 32. Ke4 Kd6

a) 33. Lf1 Se7, 34. Lc4 Sg8 nebst 35. ... Sf6† mit Bauerngewinn.

b) 33. f4 ef4:, 34. gf4: (34. Kf4:, dann 34. ... Se7 usw.) 34. ... b5, 35. Lf1 b4, 36. Lc4 Se7,

37. Kd4 Sc8, 38. Lb3 Sb6, gefolgt von a7—a5—a4.

2. 32. Kc4 Kd6

a) 33. Lf1 Se7, 34. Lg2 Sc8 nebst 35. ... Sb6† mit Bauerngewinn.

b) 33. a4 a6 mit allerlei Möglichkeiten für Schwarz, z. B. 35. a5 Se7, 36. f4 ef4:, 37. gf4: Sc8, 38. Le4 b5†, 39. ab6: e. p., Sb6:†, 40. Kd4 a5.

Dieses Variantenmaterial ist längst nicht vollständig. Es sollte nur zeigen, daß 29. ef5: das Spiel wohl in andere Bahnen lenkt, doch die meisten Probleme nicht zufriedenstellend löst.

29. ...   f5 × e4

30. f3 × e4

Schwarz hat eines seiner Teilziele völlig erreicht: permanenter Druck gegen e4, wodurch eine der weißen Figuren (König oder Läufer) ständig an die Deckung von e4 gebunden ist (Möglichkeit 3, siehe oben).

30. ...   b7—b5

Mobilisation des Damenflügels (Möglichkeit 1).

31. Ke1—d2   a7—a5

32. Kd2—d3

Mit Deckung des Bauern e4, so daß nun der weiße Läufer ziehen kann.

| 32. ... | Kg7—f6 |
| 33. Lg2—f3 | Kf6—e7 |

Marsch des Königs (Möglichkeit 2)

34. h2—h4?

44

Schwarz am Zuge

Dies führt zu einer entscheidenden Schwächung der weißen Königsflügelbauern, da Weiß sich die Möglichkeit nimmt, seinen g-Bauern mit dem h-Bauern zu schützen.

Warum dieser Faktor so wesentlich ist, wird bei der Besprechung des 36. Zuges von Schwarz klar. Richtig war sofort 34. Ld1 Kd8, 35. a4! und nun:

1. 35. . . . ba4:, 36. La4: Kc7, 37. Lc2 Kb6, 38. Kc3 usw.
2. 35. . . . b4, 36. Lb3 Kc7, 37. Lc2 Kb6, 38. Lb3 Sb7, 39. Kc4 Sc5, 40. Lc2, wonach wir die folgende Stellung bekommen:

45

Schwarz am Zuge: Remis

Wesentlich ist, daß in der vorliegenden Stellung Schwarz ziehen muß und nicht Weiß, da dieser sonst in Zugzwang geraten würde. Dies kann Weiß jedoch leicht erreichen, weil sein Läufer über genügend Tempozüge verfügt. Untersuchen wir jetzt Stellung 45:

a) 40. . . . g5, 41. g4 h6, 42. h3 b3(anders kommt Schwarz nicht weiter), 43. Lb1! (das Endspiel nach 43. Lb3: Se4: ist für Schwarz gewonnen), 43. . . . b2, 44. Kc3 Sa4:†, 45. Kb3 Sc5†, 46. Kb2: Kb5, 47. Kb3 usw.

b) 40. . . . h5, 41. h4 b3, 42. Lb1 b2, 43. Kc3 Sa4:†, 44. Kb3 Sc5†, 45. Kb2: Sd7, 46. Ld3 Sf6, 47. Kb3 Sg4, 48. Le2! (sonst folgt Sf2 nebst Sh1! mit Gewinn des Bauern g3), 48. . . . Sf2, 49. Lf3.

Alle diese Varianten führen zu Stellungen, die derjenigen gleichen, welche später nach 36. . . . b5 × a4? in der Partie entsteht: bei korrektem Spiel von Weiß Remis, bei einem kleinen Versäumnis Verlust.

Wir sind auf diese Varianten aus Stellung 45 etwas näher eingegangen, um den Unterschied zu der Gewinnfortsetzung deutlich zu machen, über die Schwarz bei seinem 36. Zuge verfügt.

Mit dem Textzug beabsichtigt Weiß (Diagramm 44) h4—h5 folgen zu lassen, um nach der Antwort g6—g5 eventuell nach h6 vorzustoßen, so daß

Bh7 geschwächt wird und der schwarze König sich nicht ungehindert nach dem Damenflügel begeben darf. Aber Schwarz kann diesen Plan leicht durchkreuzen.

34. ...   h7—h6

Einfach; nun folgt auf 35. h5, 35. ... g5.

35. Lf3—d1   Ke7—d8

Erwähnung verdient, daß 35. ... a4 (um a2—a4 zu verhindern) nicht gut sein würde, da Weiß nach 36. Lc2 (macht den König beweglich) 36. ... Kd7, 37. Kc3 Kc7, 38. Kb4 Kd6, 39. Ld3! usw. praktisch außer Gefahr ist.

36. a2—a4

Weiß führt nun in der Tat den richtigen Plan aus. Er darf auch keine abwartende Haltung einnehmen, denn wenn einmal der schwarze König am Kampfplatz erschienen ist, muß der Vormarsch der schwarzen Damenflügelbauern eine sichere Entscheidung bringen. Wie jedoch bereits bemerkt, kann Weiß in diesem Augenblick die Partie auf keine Weise mehr retten (siehe auch den 34. Zug von Weiß).

46

Schwarz am Zuge

36. ...   b5 × a4?

Nun versäumt Schwarz seine Chance. Mit 36. ... b4!, gefolgt von dem

Manöver Kc7—b6 und Sc5 konnte er auf interessante Weise gewinnen. Z. B.:

1. 37. Lb3 Kc7, 38. Ld1 Kb6, 39. Lc2 Sb7, 40. Kc4 Sc5
2. 37. Lb3 Kc7, 38. Ld1 Kb6, 39. Lb3 Sb7, 40. Kc4 Sc5, 41. Lc2.

Weiß hat wieder die Wahl, die nachstehende Stellung mit Weiß oder mit Schwarz am Zuge zu erreichen, da er über genügend Tempozüge mit seinem Läufer verfügt.

47

Weiß verliert — gleichgultig, wer am Zuge ist

Aber diesmal gewinnt Schwarz immer, ob Weiß oder Schwarz anzieht.

a) Weiß am Zuge: 41. g4, g5 und nun:

1a) 42. hg5: hg5:, 43. d6 (sonst geht Be4 oder a4 verloren) 43. ... Kc6 und gewinnt.

1b) 42. h5 b3!, 43. Lb1 (oder 43. Lb3: Se4: und Schwarz gewinnt ebenfalls) 43. ... b2, 44. Kc3 (oder 44. Lc2 Sa4:, 45. Kb3 b1D†!, 46. Lb1: Sc5†, gefolgt von Sd7, Sf6 und Sg4:) 44. ... Sa4:†, 45. Kb3 Sc5†,

46. Kb2: Sd7! nebst 47. . . . Sf6 und Schwarz erobert einen Bauern.

b) Schwarz am Zuge: 40. . . . h5 und gewinnt, da der weiße Läufer ziehen muß, worauf a4 oder e4 verlorengeht (oder 41. d6 Kc6 usw.). Wir sehen stets das gleiche Bild: Weiß gerät in Zugzwang, und nun rächt sich die Schwächung des weißen g-Bauern, da Weiß diesen nicht mit h2—h3 schützen kann, wenn der schwarze Springer ihn angreift. Hier zeigt sich denn auch der Unterschied zwischen Diagramm 45 und 47: In 45 verfügte Weiß wohl über die Möglichkeit h2—h3! Ein hübsches Beispiel, wie genau diese Endspiele behandelt werden müssen.

Kehren wir jetzt zur Partie zurück (Diagramm 46, nach 36. . . . b5 × a4?):

37. Ld1 × a4   Kd8—c7
38. La4 —c2   Kc7—b6
39. Kd3—c3   Kb6—b5

Ein Angriff auf den weißen g-Bauern hat nun nicht mehr den gewünschten Erfolg: 39. . . . Se8, 40. Kc4 Sf6, 41. Ld3 Sh5, 42. g4 Sf6, 43. g5 hg5:, 44. hg5: Sh7, 45. d6! und Weiß macht gerade Remis, z. B. 45. . . Kc6, 46. d7 Kd7:, 47. Kd5! usw.

40. Kc3—b3   Kb5—c5
41. Kb3—a4!   Sd6—c4!

Schwarz unternimmt einen letzten Versuch — und wahrhaftig, er hat Erfolg! (S. Diagramm 48).

42. Lc2—b3?

Hiernach verliert Weiß doch noch. Richtig war 42. Lb1! Sd2, 43. Ld3 (um den schwarzen Springer nicht nach f1 zu lassen), und nun scheitert 43. . . . Kd4 an 44. d6! Schwarz kann also nichts mehr unternehmen und muß sich mit Remis begnügen.

48

Weiß am Zuge

42. . . .   Sc4—d2
43. Lb3—c2   Sd2—f1!

Erobert den Bauern g3 (da 44. g4 mit 44. . . . Se3 beantwortet wird), wonach ein Freibauer am Königsflügel entsteht, der im letzten Augenblick gewinnt. Bemerkenswerterweise gibt der geschwächte weiße g-Bauer nach dem Fehler von Weiß (42. Lb3?) doch noch den Ausschlag.

44. Ka4 × a5   Sf1 × g3
45. Ka5—a4

Es macht wenig Unterschied, ob der weiße König vorwärtsgeht, z. B. 45. Ka6 Sh5, 46. Kb7 Sf6, 47. Kc7 g5 usw.

45. . . .   Sg3—h5
46. Ka4—b3   Kc5—d4
47. Kb3—b4   Sh5—f6
48. d5—d6   g6—g5
49. h4 × g5   h6 × g5
50. Kb4—b5   g5—g4
51. Lc2—d1   g4—g3
52. Ld1—f3   Kd4—e3

Alles hängt nun an einem Tempo.

53. Lf3—h1   Ke3—f2
54. Kb5—c6   g3—g2
55. Lh1 × g2   Kf2 × g2
56. d6—d7   Sf6 × d7
57. Kc6 × d7   Kg2—f3

Weiß gab auf.

44

Ein schwieriges Endspiel. Wieder einmal wurde bestätigt, daß eine genaue Berechnung unerläßlich ist, bevor man etwa Definitives unternimmt. Ein neues Element ist der Zugzwang, der in verschiedenen Abspielen (siehe Analyse-Diagramm 47) auftreten kann.

Diese scharfe Waffe im Endspiel und hier insbesondere im Kampf Springer gegen schlechten Läufer soll nachstehend an Hand eines einfachen Beispiels noch näher erläutert werden.

49

Weiß am Zuge: Remis
Schwarz am Zuge: Weiß gewinnt

Der schwarze Läufer ist ganz schlecht; alle Bauern stehen auf seiner Farbe, und doch braucht dies noch nicht zum Verlust zu führen. Weiß am Zuge kann nicht gewinnen. Ist aber Schwarz am Zuge, dann verliert er durch *Zugzwang*. Der Läufer darf wegen Bauernverlust nicht ziehen, und auf 1. ... Kc6 entscheidet 2. Ke5, gefolgt von 3. Sb3, 4. Sd4 und 5. Sf5:.

Es folgen noch einige Variationen dieser Stellung, um auf weitere Möglichkeiten aufmerksam zu machen.

1. Man stelle noch einen schwarzen Bauern auf d5. Die Situation ist nun verändert und das Endspiel bleibt Remis, gleich, wer zu ziehen hat. Z. B. 1. Sd3 Le6, 2. Sc5 Lc8, oder 1. ... Kc6, 2. Ke5 d4!, 3. Kd4: Kd6 usw.

2. Versetzen wir in Diagramm 49 den weißen König nach e3 und den schwarzen nach c7, dann ist es wieder Remis. Z. B. 1. Kd4 Kd6 oder 1. ... Kc6!, 2. Kd4 Kd6!

3. Stellen wir jedoch den schwarzen König nach e7 (und den weißen wieder nach e3), dann gewinnt Weiß, mag er auch am Zuge sein. Z. B. 1. ... Kd6, 2. Kd4! oder 1. Kd3! Kd6, 2. Kd4.

Das Kennzeichen des schlechten Läufers spielt sehr oft eine wichtige Rolle und ist eine brauchbare und leichte Richtschnur — nicht nur dann, wenn ein Springer gegen den schlechten Läufer steht, sondern auch, wenn sich gute und schlechte Läufer bekämpfen. In letzterem Falle jedoch sind die Vorteile weniger klar und darum beschränken wir uns in diesem Abschnitt auf das Duell zwischen Springer und schlechtem Läufer.

Wir setzen unsere Betrachtungen mit zwei Beispielen aus der Eröffnungstheorie fort.

Aljechin-Euwe, London 1922
1. d2—d4 Sg8—f6, 2. Sg1—f3
g7—g6, 3. Lc1—f4 Lf8—g7, 4. Sb1
—d2 c7—c5, 5. e2—e3 d7—d6,
6. c2—c3 Sb8—c6, 7. h2—h3 o—o,
8. Lf1—c4 Tf8—e8, 9. o—o e7—e5,
10. d4×e5 Sc6×e5, 11. Lf4×e5
d6×e5, 12. Sf3—g5 Lc8—e6?, 13.
Lc4×e6.
Weiß hat entscheidenden Positions-
vorteil. Daß Weiß Vorteil hat, ist
klar, da Schwarz auf jeden Fall
einen Doppelbauern bekommt. Warum aber ist dieser Vorteil entscheidend? Weil es sich bald zeigt,
daß Weiß ein Endspiel mit Springer
gegen schlechten Läufer erhält.
13. ... f7×e6, 14. Sd2—e4 Sf6×e4,
15. Dd1×d8 Te8×d8, 16. Sg5×e4
b7—b6

50

Weiß am Zuge

17. Tf1—d1 Kg8—f8, 18. Kg1—f1
Kf8—e7, 19. c3—c4 h7—h6, 20.
Kf1—e2 Td8×d1, 21. Ta1×d1
Ta8—b8
Weiß hat das Endspiel erreicht und
gewinnt jetzt durch sorgfältige
Behandlung, welche wir hierunter
ohne besonderen Kommentar
wiedergeben.
22. Td1—d3 Lg7—h8, 23. a2—a4
Tb8—c8, 24. Td3—b3

46

Die letzte Vorbereitung zu dem
wichtigen Durchbruch a4—a5.
24. ... Ke7—d7, 25. a4—a5 Kd7—
c6, 26. a5×b6 a7×b6, 27. Tb3—a3

51

Schwarz am Zuge

Weiß hat sich die Möglichkeit geschaffen, auf der a-Linie in die
feindliche Stellung einzudringen.
27. ... Lh8—g7, 28. Ta3—a7 Tc8—
c7, 29. Ta7—a8
Der weiße Turm ist viel aktiver als
der schwarze, und es wäre daher
nicht klug von Weiß, ihn abzu-
tauschen.
29. ... Tc7—e7, 30. Ta8—c8† Kc6
—d7, 31. Tc8—g8 Kd7—c6, 32.
h3—h4
Verstärkung der Stellung auf dem
rechten Flügel: Schwarz kann doch
nichts unternehmen.
32. ... Kc6—c7, 33. g2—g4 Kc7—
c6, 34. Ke2—d3 Te7—d7†, 35.
Kd3—c3 Td7—f7, 36. b2—b3 Kc6
—c7, 37. Kc3—d3 Tf7—d7†, 38.
Kd3—e2 Td7—f7, 39. Se4—c3!
Weiß hat eben gezaudert, aber nun
findet er seinen Weg; der Springer
macht Platz für den König: Wachablösung.
39. ... Tf7—e7, 40. g4—g5 h6×g5,
41. h4×g5 Kc7—c6, 42. Ke2—d3!
Te7—d7†, 43. Kd3—e4

52

Schwarz am Zuge

Die ideale Aufstellung: der König
auf dem Blockadefeld.

43. ... Td7—b7, 44. Sc3—b5!
Der Beginn des Schlußangriffes.
44. ... Tb7—e7, 45. f2—f3
Alles gleich sorgfältig.
45. ... Kc6—d7
Auf 45. ... Kb7 entscheidet 46.
Sd6† und 47. Se8.
46. Tg8—b8 Kd7—c6, 47. Tb8—
c8† Kc6—d7, 48. Tc8—c7† Kd7—
e8, 49. Tc7—c6
Führt zu Bauerngewinn.
49. ... Te7—b7, 50. Tc6 × e6†
Schwarz gab auf.

Bemerkenswert ist, wie schlecht der
Läufer hier war; Schwarz spielte
praktisch mit einer Figur weniger.

Blumin—Fine, New York 1939

1. d2—d4 Sg8—f6, 2. c2—c4 e7—
e6, 3. Sb1—c3 Lf8—b4, 4. Dd1—c2
Sb8—c6, 5. Sg1—f3 d7—d5, 6. e2
—e3 o—o, 7. a2—a3 Lb4 × c3†, 8.
Dc2 × c3 Lc8—d7!
Der weitere Partieverlauf gibt eine
Erklärung dieses auf den ersten
Blick sehr mysteriösen Zuges:
Schwarz spielt auf Tausch des Ld7
gegen den Lf1, wodurch er den
Vorteil des Springers gegen den
schlechten Läufer bekommt.

9.Lf1—d3 a7—a5, 10. b2—b3 a5—a4!
Die Konsequenz des Vorhergehenden, wie sich bald zeigt.
11. b3—b4 d5 × c4, 12. Ld3 × c4
Sc6—a7!
Die Pointe. Weiß kann nun Lb5
nicht verhindern (auf 13. Dd3 folgt
De8), und damit ist der Tausch der
weißfeldrigen Läufer praktisch erzwungen.
13. Sf3—e5 Ld7—b5, 14. Lc1—b2
Lb5 × c4, 15. Dc3 × c4 Dd8—d5

Weiß am Zuge

53

Die Theorie endet hier mit ∓.
Schwarz steht besser, und es bedarf
wohl keiner näheren Begründung,
daß dieses Urteil sich auf das Übergewicht des Springers gegen den
schlechten Läufer gründet.

16. Dc4 × d5 (16. Dc7:, dann 16. ...
Dg2:), 16. ... e6 × d5, 17. Ta1—c1
Sa7—b5 (blockiert die hemmenden
Bauern), 18. o—o Sf6—e4, 19. Tc1
—c2 Se4—d6, 20. Lb2—c1 Tf8—e8,
21. Tf1—d1 f7—f6, 22. Se5—d7?
Ein Fehler, welcher eine Figur
kostet. Weiß mußte 22. Sd3 spielen,
worauf 22. ... Sc4 mit wesent-
lichem Vorteil für Schwarz gefolgt
wäre.
22. ... b7—b6 (schneidet dem
Springer den Rückzug ab) 23. Tc2

47

—c6 Te8—e7 und Schwarz gewann leicht.

Vor allem dieses letzte Beispiel läßt deutlich erkennen, welche Bedeutung das Kennzeichen des schlechten Läufers hat. Wer hier nicht richtig im Bilde ist, wird Zügen wie 8. . . . Ld7, 10. . . . a4 und 12. . . . Sa7 fremd gegenüberstehen.

Und daß der Springer dem schlechten Läufer tatsächlich überlegen ist, hat sich aus den verschiedenen Beispielen klar ergeben. Auch hier ist — wie in den vorhergehenden Abschnitten — das Urteil einfacher als der Plan, obschon nicht weniger wichtig.

Die Schwächung der Königsstellung

1. e2—e4 e7—e5, 2. Sg1—f3 Sb8—
c6, 3. Lf1—b5 d7—d6, 4. d2—d4
Lc8—d7, 5. Sb1—c3 Sg8—f6, 6.
Lb5 × c6 Ld7 × c6, 7. Dd1—d3 e5 ×
d4, 8. Sf3 × d4 g7—g6, 9. Lc1—g5!
Lf8—g7, 10. o—o—o Dd8—d7, 11.
h2—h3 o—o, 12. Th1—e1 Tf8—e8,
13. Dd3—f3 Sf6—h5, 14. g2—g4
Lg7 × d4, 15. Td1 × d4 Sh5—g7, 16.
Lg5—f6

Aljechin—Brinckmann, Kecskemet
1927.

Schwarz am Zuge

54

„Weiß hat ein klares und großes Übergewicht", urteilt die Theorie. Worin besteht sein Vorteil? Dringt sein Mattangriff etwa durch? Keineswegs, aber Weiß verfügt über Möglichkeiten und Drohungen, die Schwarz zu einer bestimmten Verteidigung, eventuell sogar zu gewissen Konzessionen oder zur Vernachlässigung anderer Interessen zwingen.

Nehmen wir z. B. an, daß Weiß am Zuge wäre und seine Dame nach h6 bringen könnte. Er würde dann mit 1. Dh6 (droht Matt), 1. . . . Se6 (das einzige), 2. f4 mit der unparierbaren Drohung 3. f5 zumindest eine Figur gewinnen, da der Springer die Deckung von g7 nicht aufgeben darf.

Woraus entsteht diese Möglichkeit? Aus der Schwächung der Bauern-stellung vor dem schwarzen König: die Bauern stehen auf f7—g6—h7 an-statt auf f7—g7—h7. Stünde der schwarze Bauer noch auf g7, dann hätte Weiß nichts gehabt; also bedeutet g7—g6 eine Schwächung, aber dies braucht nicht immer der Fall zu sein Genauer gesagt: Unter den gegebenen Umständen — das Fehlen des schwarzen Läufers auf g7 und die Anwesen-heit des weißen auf f6 — erweist sich der Bauernzug g6 als ernste Schwächung.

Deshalb unser **Urteil**: Weiß steht überlegen, weil die schwarze Königs-stellung geschwächt ist. Und was ist nun der angemessene **Plan** für Weiß? Dazu studieren wir zunächst den Verlauf der Partie.

16. ...   Te8—e6

Um Se8 zu ermöglichen und so den
Lf6 zu vertreiben.

17. Td4—d1

Macht Platz für den Lf6, so daß
diese Figur die wichtigen Felder
g7—h8 weiter beherrscht; besser
gesagt, wie ein Scheinwerfer in
die schwarze Königsstellung hin-
einleuchtet.

17. ...   Sg7—e8
18. Lf6—d4   Dd7—e7

Hier kann die Verteidigung auch
auf andere Weise geführt werden:
18. ... f6, um die Linie des Ld4
zu versperren. Weiß setzt dann mit
19. Sd5 fort, worauf Schwarz wegen
Bauernverlust nicht tauschen darf
(19. ... Lds:, 20. ed5: Te1:, 21. Te1:
Df7, 22. Te6 Kg7?, 23. g5) und
deshalb 19. ... Df7 spielen muß,
womit nachfolgende Stellung entsteht.

55

Weiß am Zuge (Analyse)

Schwarz ist danach völlig an die
Deckung von f6 gebunden, während der Se8 hindernd im Wege
steht. Weiß dagegen hat ein freies
Spiel und kann seine Stellung auf
verschiedene Weise (z. B. mit h3—
h4—h5 oder mit Dg3 nebst f2—f4
—f5) verstärken.

Wir sehen also, daß mit f7—f6 das
Stellungsproblem nicht auf befriedigende Weise zu lösen ist. Wohl
werden dem Ld4 die Flügel be-
schnitten, doch geht dies auf Kosten einer bedenklichen Schwächung
der schwarzen Stellung, hauptsächlich des Bf6, der fast die ganzen
schwarzen Streitkräfte bindet.
Setzen wir nun die Besprechung der
Partie fort.

19. Te1—e3   Se8—g7

Wieder ein wichtiger Augenblick.
Schwarz benutzt die erste sich
bietende Gelegenheit, den Se8
wegzuziehen, so daß der zweite
schwarze Turm am Kampf teilnehmen kann.
Die damit verfolgte Strategie bedarf jedoch sorgfältiger Überlegung,
weil der Sg7 vorläufig über kein
einziges Feld verfügt, so daß
Schwarz wieder mit direkten Angriffen auf seine Königsstellung
rechnen muß.

20. Df3—f4!

Mit der Drohung 21. Dh6.

20. ...   De7—h4

Die richtige Parade: 20. ... g5
würde eine unheilbare Schwäche
schaffen und Weiß nach 21. Dg3
erlauben, mit 22. f4 neue Angriffslinien zu öffnen.

21. Td1—e1   Ta8—e8

(s. Diagramm 56).
Diese Stellung hatte Schwarz im
Auge, als er 18. ... De7 spielte.
Die direkten Gefahren sind abgewendet und 22. Sd5 ist nicht mehr
zu fürchten, weil nach 22. ... Lds:,
23. ed5: Te3:, 24. Te3: Te3:, 25.
De3: die Stellung bereits zu sehr
vereinfacht ist, um eine Entscheidung möglich zu machen. (25. ...

56

Weiß am Zuge

Kf8!, 26. La7: b6, 27. a4 h5 oder
26. Dc3, Se8 bzw. 26. Lg7: Kg7:,
27. Dc3† Df6).
Außerdem bringt der direkte Angriff mittels 22. Tf3 (drohend sowohl 23. Df7: als auch 23. Lf6) wegen 22. ... f5! nicht viel ein; z. B.
23. Lg7: Kg7:, 24. gf5: Df4:†, 25.
Tf4: gf5:, 26. Tg1†, Tg6, 27. Tg6:†
hg6:, 28. ef5: g5 und Schwarz hat
ausreichende Gegenchancen.
In der Diagrammstellung sind also
nicht allein die hauptsächlichsten
Drohungen von Weiß pariert, sondern außerdem hat Schwarz bereits
einige Kompensation durch den
Druck auf e4.
Und doch sind damit die Schwierigkeiten für Schwarz nicht definitiv
überwunden, denn die schwarze
Königsstellung ist noch immer geschwächt, und der Ld4 übt einen
ständigen unangenehmen Druck auf
g7 aus, wodurch z. B. eine so wert-
volle Figur wie die schwarze Dame
einigermaßen deplaziert steht. Übrigens sind die schwarzen Figuren,
obwohl aktiv aufgestellt, doch etwas
in ihren Bewegungen gehemmt. So
z. B. würde ein Zug wie etwa Te8—
f8 nach Sc3—d5! zu einem schnellen
Debakel führen.

Kurz gesagt kommt dies also darauf hinaus, daß die schwarze Verteidigung vorläufig wohl auszu-
reichen scheint, aber ein bißchen
„krampfhaft" wirkt.

22. b2—b3!
Eine für diese Art Stellungen charakteristische Fortsetzung. Schwarz
kann nichts ausrichten, und daher
verbessert Weiß erst die Lage seiner
Bauern und des Königs, bevor er
etwas Entscheidendes unternimmt.

22. ...   a7—a5
23.   a2—a4   b7—b6
24.   Kc1—b2   Te8—e7
Dies ist kein reiner Tempozug, sondern soll auch das Feld e8 für den
schwarzen Springer freimachen.

25. Df4—h2
Ein neues Manöver, das ein eventuelles f2—f4 vorbereitet.

Schwarz am Zuge

57

25. ...   Sg7—e8?
Ein ernster Fehler, welcher die Beweglichkeit der Türme weiter ein-
schränkt und dadurch eine schnell
entscheidende Wendung möglich
macht.
Ebenfalls ungenügend war 25. ...
f5 (um von der Abwesenheit der
weißen Dame zu profitieren) wegen
26. ef5: und nun

4*

1. 26. ... Te3:, 27. Te3:
   a) 27. ... Te3:, 28. fe3: gf5:,
     29. Lg7: Kg7:, 30. gf5: und
     Weiß hat einen gesunden
     Mehrbauern.
   b) 27. ... gf5:, 28. Lg7:
     b1) 28. ... Tg7:, 29. Df4! und
       gewinnt wegen der Dro-
       hung 30. Dc4†.
     b2) 28. ... Kg7:, 29. Df4 fg4:,
       30. Tg3 usw.
2. 26. ... gf5:, 27. Lg7: Te3:, 28.
Te3: mit Übergang zu 1 b.

Die beste Verteidigung für Schwarz
bestand in 25. ... Lb7!, wonach
26. f4 wegen 26. ... c5!, 27. Lg7:
Kg7:, 28. f5 Te5 nichts ergibt; der
weiße Angriff hätte sich festgefahren.

Weiß muß deshalb subtiler zu
Werke gehen und mit 26. Sb5! dem
Ld4 vorsorglich ein Rückzugsfeld
schaffen. Darauf führt 26. ... Te4:,
27. Te4: Te4:, 28. Te4: Le4:, 29.
Sc7: zum entscheidenden Vorteil
für Weiß. Nach 26. ... Se8 allerdings ist die Situation weniger klar,
denn nun droht Schwarz doch auf
e4 zu schlagen, so daß Weiß seine
weiteren Manöver mit dem Dek-
kungszug 27. f3 vorbereiten muß.
Eine genaue Analyse würde zu weit
führen, doch sind folgende Fest-
stellungen von Belang:
1. Die schwarze Königsstellung ist
noch immer geschwächt (g6), und
diese Schwächung ist besonders
fühlbar, weil der schwarzfeldrige
weiße Läufer quicklebendig ist.
2. Versuche jedoch, die schwarze
Stellung schnell zum Einsturz zu
bringen, müssen scheitern, weil die
schwarze Verteidigung mit voller
Kraft wirkt.

   26. f2—f4!
Mit der tödlichen Drohung f4—f5.

   26. ...   Se8—f6
Auf 26. ... Td7 (um dem Te6 Platz
zu machen) folgt 27. f5, Tee7, 28.
De2! mit der Drohung 29. Sd5.
(Z. B. 28. ... Lb7, 29. Sd5 Ld5:, 30.
ed5: Kf8, 31. f6 Te3:, 32. De3: Sf6:,
33. g5 und gewinnt.) Schwarz kann
diese Drohung zwar mit 28. ...
Kf8 parieren (nicht 28. ... f6?, 29.
Dc4†), steht aber in jedem Falle vor
einer hoffnungslosen Aufgabe —
seine Figuren sind schlecht postiert
und Weiß verfügt über einige
Durchbruchsmöglichkeiten.

   27. f4—f5   Te6×e4
Verzweiflung, aber das vermutlich
mit dem vorigen Zug beabsichtigte
27. ... Sg4: scheitert an 28. Df4.

   28. Sc3×e4   Sf6×e4
   29. Dh2—f4   g6—g5
   30. Df4—f1   d6—d5
   31. c2—c4
Weiß beendet die Partie mit einigen
kräftigen Zügen.

   31. ...   Dh4—h6
   32. f5—f6   Te7—e8
   33. c4×d5   Lc6×d5
   34. Df1—f5
Schwarz gab auf.

Lassen Sie uns nun nach dem Verlauf dieser lehrreichen Partie die Elemente
des weißen **Planes** zusammenfassen:
1. Behauptung des weißen Läufers auf seiner „Lebenslinie" (Diagonale
a1—h8), siehe die Züge 17. Td4—d1 und 26. Sc3—b5 (Analyse).

2. Unterstützung der Läuferaktion, entweder direkt durch die Dame (Analyse der Ausgangsstellung und Anmerkung zu 20. Df3—f4) oder indirekt durch Öffnung der e- oder g-Linie (in verschiedenen Augenblicken Sc3—d5; die Widerlegung von f7—f5 — Analyse zu 25. ... Sg7—e8 — und der schließliche Durchbruch f2—f4—f5).

3. Konsolidation der eigenen Stellung (22. b2—b3, 23. a2—a4 und 24. Kc1—b2) mit dem Ziel, bei einer eventuellen Abwicklung so günstig wie möglich dazustehen.

Demgegenüber war die schwarze Verteidigung in erster Linie auf Aufhebung der Schwäche gerichtet; sei es durch Vertreibung des Läufers, sei es durch Dazwischenstellen des f-Bauern (auf f6). Dabei mußte Schwarz in jedem Falle eine Aufstellung wählen, die den Hauptgefahren begegnet und die Beweglichkeit der eigenen Figuren nicht allzusehr beschränkt, falls das strategische Ziel nicht zu erreichen ist. Wir haben gesehen, daß Schwarz anfänglich vortrefflich vorankam, aber zum Schluß an der taktischen Zufälligkeit zugrunde ging, daß der Zug Sg7—e8 einem der schwarzen Türme ein vitales Feld nahm.

Es folgt nun ein weiteres Beispiel mehr zwangsläufiger Art, in der die Schwächung g7—g6 schnell verhängnisvoll wurde.

1. e2—e4 c7—c6, 2. d2—d4 d7—d5, 3. e4 × d5 c6 × d5, 4. c2—c4 Sg8—f6, 5. Sb1—c3 Sb8—c6, 6. Lc1—g5 d5 × c4, 7. d4—d5 Sc6—e5, 8. Dd1—d4 Se5—d3†, 9. Lf1 × d3 c4 × d3, 10. Sg1—f3 g7—g6, 11. Lg5 × f6 e7 × f6, 12. o—o Lf8—e7, 13. Ta1—d1 o—o, 14. Td1 × d3 Lc8—f5, 15. Td3—d2 Le7—d6

58

Weiß am Zuge

Eine von Botwinnik für Weiß empfohlene Variante.

Die jetzt erreichte Stellung enthält verschiedene Aspekte: Weiß hat einen Frei-, Schwarz einen Doppelbauern. Aber Schwarz besitzt das Läuferpaar. Am wichtigsten ist jedoch die Schwächung des schwarzen Königsflügels, die sich hier so auswirkt, daß f6 unhaltbar wird. Es folgt:

    16. g2—g4
Um das Feld e4 freizukämpfen, so daß der weiße Springer eingreifen kann.

    16. ...   Lf5—c8?
Soweit nach Botwinniks Analyse, die jedoch nicht mit der Wendung 16. ... Le5! rechnet, mit der Schwarz dem sofortigen Debakel entgeht.

Nach 17. Se5: fe5:, 18. De5: Lg4:, 19. Se4 f6, 20. Df4 verdient das weiße Spiel zwar den Vorzug, aber die Partie muß erst noch gewonnen werden.

17. Sc3—e4!
Nun ist plötzlich f6 nicht mehr zu
decken: 17. . . . Kg7, 18. g5! oder
17. . . . Le7, 18. d6. Selbstverständlich hilft auch 17. . . . f5 nicht wegen
18. Sf6†, gefolgt von einem tödlichen
Abzugsschach — es ist also nicht so
sehr der Bauer f6, der von Weiß erobert wurde, als vielmehr das Feld f6.

17. . . .   Ld6—e5
Relativ am besten.
18. Sf3 × e5   f6 × e5
19. Dd4 × e5   f7—f6
20. De5—f4
und Weiß hat einen gesunden Bauern mehr.

Aus den vorangegangenen Beispielen hat sich ergeben, daß der Zug g7—g6
eine Schwächung in dem Sinne bedeutet, daß die Felder f6 und g7 leichter
in den Bereich oder sogar in den Besitz des Gegners kommen. Diese Möglichkeit wird wesentlich geringer, praktisch gleich Null, wenn sich auf g7
ein schwarzer Läufer befindet. Doch sind die Gefahren damit noch nicht
vollständig gewichen, denn der Zug g7—g6 hat noch eine andere Schatten-
seite: er erleichtert dem Gegner die Öffnung der h-Linie, wie u. a. auch die
nachfolgende Partie zeigt.

1. e2—e4 c7—c5, 2. Sg1—f3 d7—
d6, 3. d2—d4 c5 × d4, 4. Sf3 × d4
Sg8—f6, 5. Sb1—c3 g7—g6, 6. f2
—f3 Lf8—g7, 7. Lc1—e3 o—o, 8.
Dd1—d2 Sb8—c6, 9. o—o—o Sc6
× d4, 10. Le3 × d4 Lc8—e6, 11.
g2—g4 a7—a6? (besser ist 11. . . .
Da5).
So die Partie Katetov—Golombek,
Prag 1946.
Weiß erhält bald einen unwider-
stehlichen Angriff.

ser Vorteil wird durch die große
Beweglichkeit von Schwarz am Damenflügel kompensiert. Denn dieser
verfügt über Züge wie Dd8—a5
und b7—b5, hat die offene c-Linie
und obendrein noch einen gutpostierten Läufer (e6).
Es gibt jedoch ein Kennzeichen, das
die Waagschale zugunsten von Weiß
sinken läßt: die Schwäche g6, welche Weiß Gelegenheit gibt, durch
Vorstoß des h-Bauern die h-Linie
zu öffnen.
Betrachten wir den Verlauf der
Partie.
12. h2—h4!
Im allgemeinen kann Schwarz gegen
diesen Vorstoß zwei Maßregeln
treffen, wobei jedoch in vielen Fällen die Frage auftaucht, ob die
Mittel nicht schlimmer sind als die
Krankheit (ganz abgesehen davon,
daß sie in vorliegenden Falle sich
als vollkommen unzulänglich erweisen):
1. 12. . . . h6? (um 13. h5 mit 13. . . .
g5 zu beantworten) kostet hier einen

59

Weiß am Zuge

Weiß steht freier, er beherrscht vier
Linien, Schwarz nur drei. Aber die-

Bauern: 13. Lf6: Lf6:, 14. Dh6: oder 13. . . . ef6:, 14. Dd6:, 2. 12. . . . h5? wird mit 13. Lf6: Lf6:, 14. gh5: gh5:, 15. Dh6! usw. widerlegt.

12. . . .   b7—b5
13. Sc3—d5!

Es konnte auch sofort 13. h5 nebst 14. hg6: geschehen, aber Weiß trifft erst einige Vorbereitungen, um die Öffnung der h-Linie (die doch auf keine Weise zu verhindern ist) unter günstigeren Umständen zu erreichen. Wir werden bald sehen, wie er sich die Sache gedacht hat.

13. . . .   Le6 × d5

Praktisch erzwungen. Weiß drohte durch Tausch auf f6 den schwarzen d-Bauern tödlich zu schwächen, und es mußte deshalb etwas geschehen. Es ist begreiflich, daß Schwarz seinen Springer nicht wegzieht, weil der Tausch des Lg7 einen ernsten Schlag für das Widerstandsvermögen der schwarzen Königsstellung bedeuten würde.

14. e4 × d5   Dd8—c7
Selbstverständlich nicht 14. . . . Sd5: wegen 15. Lg7: mit Figurengewinn.

15. h4—h5   Ta8—c8
15. . . . gh5: bringt Schwarz bestimmt keine Erleichterung: sowohl mit 16. gh5:, drohend h6 als auch mit 16. Lf6: Lf6:, 17. Th5: gewinnt Weiß schnell und leicht.

16. h5 × g6   f7 × g6
Im allgemeinen ist das Schlagen mit dem h-Bauern besser, aber hier würde dies die schwarzen Verteidigungsmöglichkeiten, die doch sowieso schon gering sind, noch vermindern.

Z. B. 17. Ld3 (deckt c2, so daß die weiße Dame frei manövrieren kann) 17. . . . Tfd8, 18. Th3 Kf8, 19. Tdh1 Ke8 (nur auf diese Weise kann Schwarz das mit 20. Th8† usw. drohende Matt parieren) 20. g5 Sh5, 21. Lg7: Sg7:, 22. Th7 und nun

1. 22. . . . Sf5, 23. Lf5: gf5:, 24. Dd3 oder 2. 22. . . . Sh5, 23. Th5: gh5:, 24. Lf5 usw.

Weiß am Zuge

60

Weiß steht überlegen. Auf der offenen h-Linie bedroht der weiße Turm vitale Punkte im schwarzen Lager; auch die übrigen weißen Figuren sind wirkungsvoll postiert.

17. Lf1—d3!
Verteidigend und angreifend zu gleicher Zeit.

17. . . .   Tf8—f7
17. . . . Sd5: wäre auch jetzt wegen des Abtausches der wichtigsten schwarzen Verteidigungsfigur, des Königsläufers, ungenügend gewesen. Nach 18. Lg7: Kg7:, 19. Dh6† gewinnt Weiß leicht, wie aus folgendem hervorgeht:

1. 19. . . . Kf7, 20. Dh7:† Ke8, 21. Lg6:† nebst 22. Td5: (oder 20. . . . Ke6, 21. Dg6:†).

2. 19. ... Kf6, 20. g5† Ke6, 21.
Dh3† Kf7, 22. Dh7:† und gewinnt.

18. Dd2—g5! Sf6—e8?
Beschleunigt die Niederlage. Eine
etwas bessere Verteidigung bestand
in 18. ... Db7, worauf Weiß mit
19. Lg6: fortfahren kann. Nach 19.
... hg6:, 20. Dg6: verfügt Weiß
dann über verschiedene Drohungen,
in erster Linie 21. Th8† Kh8:, 22.
Df7: usw., während auch vorbereitende Züge wie 21. Th2 sehr stark
sind. Schließlich führt 21. g5 Se8,
22. Dh7† Kf8, 23. Dh8†! ebenfalls
zum Matt. Schwarz hat gegen all
dies keine genügende Abwehr (so
scheitert z. B. 20. ... Dd5: an 21.

Lf6:), und wir können daraus den
Schluß ziehen, daß die aus der
Schwäche g6 resultierende offene
h-Linie in diesem Falle entschei-
dende Bedeutung hat.
19. Th1 × h7!
Naheliegend, aber auch sehr stark.
19. ... Kg8 × h7
Andere Züge sind nicht besser.
20. Dg5 × g6† Kh7—g8
21. Td1—h1
Droht Matt in zwei Zügen: 22.
Th8†! Kh8:, 23. Dh7 matt.
21. ... Se8—f6
22. Ld4 × f6
Schwarz gab auf, denn auf 22. ...
Tf6: oder ef6: folgt wieder 23.
Th8† nebst Matt.

Soviel über die *Schwäche g6*, die besonders schwer wiegt, wenn der Lg7
fehlt, sein weißer Kollege sich aber auf dem Brett befindet. Obendrein muß
Schwarz mit dem Vormarsch h2—h4—h5 rechnen. Merkwürdigerweise ist
in letzterem Falle der Plan einfach und das Urteil kompliziert. Immer wenn
man zu dem Schluß kommt, daß g6 eine Schwächung bedeutet, auch wenn
der Lg7 anwesend ist, besteht der gegebene Plan in dem Manöver h2—h4
—h5 nebst h5 × g6. Bei der Ausführung dieses Planes beachte man noch
folgendes:

1. Oft wird g2—g4 eingeschaltet, um die Verteidigung h7—h5 zu ent-
   kräften.
2. Die Parade h6 nebst g5, die in dem behandelten Beispiel aus taktischen
   Gründen unmöglich war, ist im allgemeinen nicht so wichtig für Schwarz,
   weil die so gebildete Bauernformation (f7—g5—h6) sehr verwundbar ist,
   sei es durch f2—f4 oder durch ein Opfer auf g5.
3. Der Tausch g6 × h5 (siehe Anmerkung zum 15. Zuge) verschlimmert meist
   die Lage.
4. Es ist für Weiß außerordentlich wichtig, den schwarzen Fianchettoläufer
   (g7) zum Tausch zu zwingen; spielt dieser doch gewöhnlich die Hauptrolle in der schwarzen Verteidigung.

Im vorliegenden Falle kam der Öffnung der h-Linie entscheidende Bedeutung zu, weil Weiß lang und Schwarz kurz rochiert hatten. Haben beide
Parteien kurz rochiert, dann kommt h2—h4—h5 als Angriffsmittel gegen
g6 kaum noch in Betracht. Daraus folgt, daß die Anzahl der Stellungen, in
denen g7—g6 eine Schwächung bedeutet, geringer ist als umgekehrt. Wie
wir bereits bemerkten, macht dieser Umstand die Beurteilung so schwierig.

Noch komplizierter steht die Sache mit h7—h6, welcher Zug mitunter ebenfalls die Stellung schwächt. Wir geben drei Beispiele; in den ersten beiden wird die Schwäche h6 durch Figurenangriff und im dritten durch Bauernvormarsch ausgenutzt.

1. d2—d4 d7—d5, 2. Sg1—f3 Sg8—f6, 3. c2—c4 e7—e6, 4. Sb1—c3 c7—c5, 5. c4×d5 Sf6×d5, 6. e2—e3 Sb8—c6, 7. Lf1—c4 Sd5×c3, 8. b2×c3 c5×d4, 9. e3×d4 Lf8—e7, 10. o—o o—o, 11. Lc4—d3 b7—b6 Botwinnik—Szabo, Groningen 1946.

12. Dd1—c2!

Dieser Zug zwingt Schwarz zu einer Schwächung des Königsflügels. Aber zu welcher: g6 oder h6? Im allgemeinen ist g6 bedenklicher, so daß h6 vorzuziehen ist; aber hier ist dies nicht der Fall, wie gleich auseinandergesetzt wird. Nach 12. ... h7—h6 wäre die folgende Stellung entstanden (Szabo spielte jedoch stärker 12. ... g6).

61

Weiß am Zuge

Weiß am Zuge zieht:

13. Dc2—e2!

Droht durch 14. De4 eine Figur zu gewinnen. Die normale Parade

13. ... Lc8—b7?

kostet einen Bauern:

14. De2—e4!

Droht Matt auf h7. Schwarz hat nur die Wahl zwischen 14. ... g6, 15. Lh6: und 14. ... f5, 15. De6:†. Man sieht, warum h6 hier eine Schwächung bedeutet: der diagonale Angriff auf h7 ist nicht einfach mit g6 zu parieren, weil dann der Bh6 in der Luft hängt. Ferner kann h6 immer dann als eine Schwächung gelten, wenn die Möglichkeit eines Opfers dadurch vergrößert wird. So zum Beispiel in der folgenden bekannten Variante der Schottischen Eröffnung.

1. e2—e4 e7—e5, 2. Sg1—f3 Sb8—c6, 3. d2—d4 e5×d4, 4. Sf3×d4 Sg8—f6, 5. Sb1—c3 Lf8—b4, 6. Sd4×c6 b7×c6, 7. Lf1—d3 d7—d5, 8. e4×d5 c6×d5, 9. o—o o—o, 10. Lc1—g5 c7—c6, 11. Dd1—f3 Lb4—e7, 12. Ta1—e1 h7—h6?

62

Weiß am Zuge

Dieser Zug wird durch die folgende Kombination widerlegt:

13. Lg5×h6   g7×h6

14. Df3—e3

57

Mit gleichzeitigem Angriff auf Le7 und Bh6.

14. . . .　　　　Le7—d6

Nach 14. . . . Le6, 15. Dh6: hat Schwarz keine Verteidigung mehr gegen die Doppeldrohung 15. Te3 nebst 16. Tg3† und 15. Te5 samt 16. Tg5 matt.

15. De3 × h6　　　Ta8—b8

Mit der Absicht, 16. Te3 mit 16. . . . Tb4 zu beantworten, wonach auf 17. Tg3†, 17. . . . Tg4 folgen kann.

15. . . . d4 (um Te3 zuvorzukommen) wird wie folgt widerlegt: 16. Se4 Se4:, 17. Te4: (droht 18. Tg4† und 19. Dh7 matt) 17. . . . f5, 18. Th4 und gewinnt.

16. f2—f4!

Hiernach hat Schwarz keine Verteidigung mehr gegen 17. Tf3 bzw. 17. Te5. Z. B. 16. . . . Lg4, 17. Te5 Le5:, 18. fe5:, gefolgt von 19. ef6: und Matt.

Wie man sieht, ist bei dieser Art Kombinationen die Aufstellung der weißen Türme von großer Bedeutung. Sobald der Bauernschutz des schwarzen Königs durch Opfer beseitigt ist, müssen sie auf der dritten (eventuell vierten oder fünften) Reihe eingreifen können.

Bedenklich ist die Schwächung h6 (h3) aber noch aus einem anderen Grunde.

1. e2—e4 e7—e5, 2. Sg1—f3 Sb8—c6, 3. Lf1—b5 Sg8—f6, 4. o—o Lf8—c5, 5. c2—c3 o—o, 6. d2—d4 Lc5—b6, 7. Tf1—e1 d7—d6, 8. h2—h3 Dd8—e7, 9. Lc1—g5 h7—h6, 10. Lg5 × f6 De7 × f6, 11. Sb1—a3 Sc6—e7, 12. Sa3—c4 Se7—g6, 13. Sc4 × b6 a7 × b6. Blau—v. Scheltinga, Hilversum 1947.

63

Weiß am Zuge

Schwarz steht besser, denn die weiße Königsstellung ist durch h3 geschwächt. Aber die schwarze doch auch durch h6! Allerdings, nur mit dem Unterschied, daß Schwarz von der Schwäche profitieren kann, Weiß aber nicht. Wir werden sehen, warum.

14. Lb5—f1

Um 15. g3 folgen zu lassen.

14. . . .　　　　Sg6—f4!

Der Zug h3 bringt häufig eine Schwächung des Feldes f4 mit sich. Ein feindlicher Springer steht auf f4 drohend gegen die weiße Rochadestellung, und Weiß kann ihn im allgemeinen nicht mit g3 vertreiben, weil dann h3 seine Deckung verliert.

15. Kg1—h2

Um doch g3 spielen zu können.

15. . . .　　　　g7—g5!

Dies ist eine andere Art, aus der Schwächung h3 Nutzen zu ziehen: g7—g5—g4 mit Öffnung der g-Linie.

Man beachte die Analogie mit der Schwächung g6: h2—h4—h5 usw. (S. Diagramm 64).

16. Sf3—g1

Offenbar in dem Bestreben, g5—g4 zu verhindern.

64

Weiß am Zuge

Wesentlich ist, daß hier 16. g3 nicht zu dem gewünschten Ergebnis führt wegen 16. . . . g4! und nun

1. 17. Sg1, siehe Partie.
2. 17. gf4: Df4:†, 18. Kg2, wonach Schwarz die Wahl hat zwischen einem kleinen Endspielvorteil nach
   a) 18. . . . gf3:†, 19. Df3: Df3:†, 20. Kf3: f5 und Beibehaltung des Angriffs durch
   b) 18. . . . Kh7, 19. Sh2, Tg8, 20. Kh1 g3!
      1. 21. fg3: Dg3: usw.
      2. 21. Sg4 gf2:, 22. Te2 Lg4:, 23. hg4: Dg4: usw.
3. 17. hg4: Lg4:, 18. gf4: Df4:†, 19. Kg2 Kh7, 20. Le2 Tg8 usw.
16. . . .   g5—g4!

17. g2—g3

Auf 17. hg4: folgt 17. . . . Dh4†, 18. Sh3 Lg4:, 19. Dd2 (19. g3? Dh5) 19. . . . Lh3:, 20. gh3: Kh7 mit starkem Angriff.

Schwarz hat dann den mit der Schwächung verbundenen Plan vollständig ausgeführt und zwei wesentliche Vorteile erreicht:

a) einen unantastbaren Springer auf' f4.
b) die offene g-Linie für seine Türme.

Der Textzug bedeutet ein Bauernopfer mit dem Ziel, den schwarzen Angriff zu bremsen.

17. . . .   Sf4 × h3
18. Sg1 × h3   g4 × h3
19. Dd1—d2

Der Bf2 war angegriffen.

19. . . .   Df6—g6

Nun geht 20. Lh3: wieder nicht wegen 20. . . . Dh5.

20. f2—f4   Lc8—g4
21. f4—f5   Dg6—h5

Schwarz hat seinen Mehrbauern behauptet und außerdem durch den Vormarsch g7—g5—g4 eine offene Angriffslinie bekommen. Er gewann denn auch die Partie ohne allzu große Mühe. Wir verzichten auf den Schluß, der für unser Thema ohne Belang ist.

Der Angriffsplan in Verbindung mit der Schwächung h6 (h3) umfaßt nach dem vorhergehenden folgende Elemente.

1. Angriff auf der Diagonalen d3—h7. (Erstes Beispiel.)
2. Die Aufstellung eines Springers auf f4. (Drittes Beispiel.)
3. Der Vormarsch g7—g5—g4. (Ebenfalls drittes Beispiel.)
4. Das Opfer auf h6. (Zweites Beispiel.)

Von dem Erfolg des **Planes** hängt es ab, ob man den Zug h7—h6 wirklich als Schwächung ansehen darf. Oder anders gesagt: dadurch wird unser **Urteil** bestimmt.

Der Zug h7—h6 kann auch Vorteile haben; die meist vorkommenden sind:
1. Verhinderung von Lg5, was den Sf6 fesseln würde.
2. Schaffung eines Fluchtfeldes (h7) für den schwarzen König.
Bis hierher haben wir uns nur mit Königsstellungen beschäftigt, die durch ein einziges Schrittchen (g7—g6 oder h7—h6) geschwächt waren. Es ist wohl selbstverständlich, daß doppelte Schritte im allgemeinen ernstere Schwächungen bedeuten als einfache und ferner, daß eine Kombination von Schwächungen das Widerstandsvermögen weiter unterminiert. In diesem Zusammenhang ist auch die Position resp. die Abwesenheit des f-Bauern von Bedeutung. Das Fehlen des f-Bauern in Verbindung mit der Schwächung h6 bedeutet eine wesentliche Erhöhung der Opferchancen des Gegners, da unter Umständen die ganze Bauernfront mit einem Schlage weggefegt werden kann. Das nachstehende Beispiel soll dies noch näher beleuchten.

1. d2—d4 d7—d5, 2. c2—c4 c7—c6, 3. Sg1—f3 Sg8—f6, 4. Sb1—c3 d5 × c4, 5. a2—a4 Lc8—f5, 6. e2—e3 e7—e6, 7. Lf1 × c4 Lf8—b4, 8. o—o o—o, 9. Dd1—e2 Lf5—g4, 10. h2—h3 Lg4—h5, 11. Tf1—d1 Sb8—d7, 12. e3—e4 Dd8—e7, 13. e4—e5 Sf6—d5, 14. Sc3—e4 h7—h6 15. Se4—g3 Lh5—g6, 16. Sf3—e1 f7—f6, 17. e5 × f6 De7 × f6, 18. Se1—d3 Lb4—d6, 19. Sg3—e4 Df6—e7, 20. Se4 × d6 De7 × d6, 21. Ta1—a3 Ta8—e8, 22. Sd3—e5! Reshevsky—Santasiere, New York 1939.

65

Schwarz am Zuge

„Weiß steht besser", so die Theorie. Die schwarze Königsstellung ist in verschiedener Hinsicht geschwächt, und die weißen Figuren sind so postiert, daß die Gefahren, die solche Schwächungen mit sich bringen, klar zutage treten. Der weiße Springer beherrscht die wichtigen Felder f7 und g6, der auf der dritten Reihe stehende weiße Turm vergrößert die Möglichkeiten eines Opfers auf h6, und die Diagonale b1—h7, die im Augenblick noch ausreichend durch den Lg6 verteidigt scheint, ist in Wirklichkeit sehr verwundbar. Weiß verfügt infolgedessen über allerlei gefährliche Angriffsdrohungen, und die schwarze Lage ist besonders schwierig, wenn auch nicht gerade hoffnungslos.

22. ...   Lg6—h7?

Schwarz versucht nicht, der Schwierigkeiten Herr zu werden und macht bereits den entscheidenden Fehler. Wie schwierig es aber ist, in dieser Stellung den richtigen Weg zu finden, ergibt sich aus der Tatsache, daß die naheliegende Fortsetzung 22.... Se5: sich als ebenfalls unzureichend erweist, obwohl das mächtige weiße Pferd beseitigt wird.

Hier einige Varianten: 22.... Se5:, 23. de5: und nun

1. 23.... Dc5, 24. Tg3 Kh7, 25. b4!

   a) 25.... Db4:, 26. Dg4 Se7, 27. La3 und gewinnt.

   b) 25.... Sb4:, 26. Tg6:! Kg6:, 27. De4†

      1. 27.... Tf5, 28. Lf4! und Schwarz hat keine Verteidigung gegen 29. g4, denn 28.... Kf7 scheitert an 29. Df5:†.

      2. 27.... Kf7, 28. Td7† Te7, 29. Le3! Da5, 30. Df5† Ke8, 31. Te7:† Ke7:, 32. De6:† Kd8, 33. Dd6† Ke8, 34. Lc5 und gewinnt.

   c) 25.... De7, 26. Tg6:! Kg6:, 27. Ld3† Kf7, 28. Dh5† Kg8, 29. Dg6 und gewinnt.

2. 23.... Dc5, 24. Tg3 Sf4, 25. Lf4: Tf4:, 26. Tg6: Tc4:, 27. Td7 Tc1†, 28. Kh2 Te7, 29. Td8†

   a) 29.... Kf7, 30. Tf6†! gf6:, 31. Dh5† Kg7, 32. Dg4† und, 33. Dg8 matt.

   b) 29.... Kh7, 30. Th6:†! gh6: (oder 30.... Kh6:, 31. Th8† usw.) 31. De4† Kg7, 32. Dg4† und wieder 33. Dg8 matt.

3. 23.... Dc7!, 24. Tg3

   a) 24.... Kh7, 25. Tg6:! mit Übergang zu 1c.

   b) 24.... Df7, 25. Td4! Lh5 (verhindert 26. Tdg4) 26. Dc2 mit starkem Angriff für Weiß.

Aus diesen Analysen ergibt sich bereits, daß Schwarz mit dem Läufer ziehen muß, und tatsächlich

kann sich Schwarz mit 22.... Lf5! zunächst noch behaupten. Weiß setzt dann am besten wie folgt fort:

22.... Lf5, 23. Tg3 Kh7, 24. Tb3! und nun

1. 24.... S7b6, 25. Ld3! mit den kräftigen Drohungen 26. g4 und 26. a5.

2. 24.... b6, 25. g4! Lg6, 26. Sg6: Kg6:, 27. Dc2† Kf7, 28. Lh6:! und gewinnt.

3. 24.... Se5: (am besten), 25. de5: und Weiß ist im Vorteil, weil er das Läuferpaar und offene Linien für seine Türme besitzt.

Studieren wir jetzt den Verlauf der Partie.

23. Ta3—g3

Droht 24. Lh6: mit Bauerngewinn. Schwarz kann dies nicht mit 23.... Tf6 parieren wegen 24. Sg4 und nicht mit 23.... Sf4 wegen 24. Dg4.

   23. ...   Kg8—h8

   24. Lc4 × d5!

Ein überraschender Tausch, dessen Bedeutung sich gleich zeigt.

   24. ...   c6 × d5

Das Wiedernehmen mit dem c-Bauern ist erzwungen, denn 24.... ed5: scheitert an 25. Sf7†! und 24.... Dd5: an 25. Lh6:! gh6:, 26. Sd7: usw.

   25. Lc1 × h6!   Te8—e7

Auf 25.... gh6: folgt wieder 26. Sd7: Dd7:?, 27. De5† nebst Matt. Der Tausch auf d5 sollte also Schwarz die Möglichkeit nehmen, nach De5† einen Springer auf f6 dazwischenzusetzen.

   26. Lh6—d2   Sd7 × e5

Sonst verliert Schwarz nach 27. Tb3! mindestens noch einen Bauern.

27. d4×e5   Dd6—b6
28. Ld2—e3   Db6—a5
29. Td1—d4

Weiß steht auf Gewinn: Mehrbauer bei ungeschwächtem Angriff.

29. ...   Tf8—f5

Oder 29.... Lf5, 30. Dh5† Kg8 31. Th4 und gewinnt.

30. Td4—h4   Da5—c7
31. De2—g4

Mit der Drohung 32. Dg6.

31. ...   Kh8—g8
32. Le3—g5!   Te7—f7
33. Lg5—f6

Das Eingreifen des Läufers bedeutet die entscheidende Verstärkung des weißen Angriffs. Auf 33 ... g6? folgt nun 34. Dg6:†!, und nach 33.... T5t6:, 34. ef6:, Tf6:, 35. Dh5 gewinnt Weiß leicht.

33. ...   a7—a6
34. a4—a5   Dc7—d7

Schwarz hat keine vernünftigen Züge mehr zur Verfügung. Man sehe: 34.... Td7, 35. Kh2! d4, 36. Th6 d3, 37. Dh4 und gewinnt.

35. Th4—h6   Kg8—f8
36. Dg4—g6

Schwarz gab auf.

Der Angriff auf die feindliche Königsstellung

Dieser Abschnitt steht in direktem Zusammenhang mit dem vorigen, wo von Ausnutzung einer *Schwäche in der feindlichen Königsstellung* die Rede war. Um dies zu erreichen, muß man jedoch die feindliche Königsstellung angreifen, so daß das Thema dieses Abschnittes teilweise im vorigen vorweggenommen wurde. Wir können uns deshalb hier auf den Angriff gegen die *un*geschwächte Königsstellung beschränken, und um das Terrain gut abzustecken, beginnen wir mit dem folgenden charakteristischen Beispiel.

Nach 1. d2—d4 d7—d5, 2. c2—c4 e7—e6, 3. Sb1—c3 Sg8—f6, 4. Lc1—g5 Lf8—e7, 5. e2—e3 Sb8—d7, 6. Sg1—f3 o—o, 7. Dd1—c2 b7—b6, 8. c4×d5 e6×d5, 9. Lf1—d3 Lc8—b7, 10. o—o—o c7—c5, 11. h2—h4 c5—c4, 12. Ld3 —f5 Tf8—e8 (Besser 12. . . . . g6), 13. Lg5×f6 Sd7×f6, 14. g2—g4! Le7—d6, 15. g4—g5 Sf6—e4, 16. h4—h5 Dd8—e7, 17. Td1—g1 a7—a6 (Match Rubinstein—Teichmann, 1908) beurteilt die Theorie mit Recht die Stellung als günstig für Weiß.

66

Weiß am Zuge

Dieser hat auf dem Königsflügel großen Raumvorteil; die meisten weißen Figuren sind direkt oder indirekt auf die schwarze Königsstellung gerichtet, wobei vor allem die vorgerückten g- und h-Bauern eine wichtige Rolle spielen. Aber — und darin besteht der Unterschied zum vorigen Abschnitt — die schwarzen Königsflügelbauern sind intakt, sie stehen noch auf ihrem ursprünglichen Platz, und damit ist auch das Widerstandsvermögen des schwarzen Königsflügels viel größer. So zum Beispiel folgt auf 18. h6 einfach 18. ... g6, während 18. g6 mit 18. ... fg6:, 19. hg6: h6 beantwortet wird. In beiden Fällen bleiben die Angriffslinien auf den schwarzen König geschlossen, so daß es äußerst schwierig ist, den Angriff fortzusetzen.

Das Rezept, das wir in analogen Fällen für eine geschwächte Königsstellung gegeben haben — Vormarsch der Bauern, um eine Angriffslinie zu öffnen —, hat hier keinen Wert; wir müssen nach anderen schärferen Mitteln suchen. Aber dies bedeutet zugleich, daß diese Mittel größere Verantwortung mit sich bringen und eine schärfere Kalkulation erfordern: *eine ungeschwächte Königsstellung ist in der Regel nur durch eine Opferkombination zu nehmen.*

Dies macht sowohl **Urteil** als auch **Plan** schwieriger. Weiß steht besser, weil er ein Übergewicht auf dem Königsflügel besitzt. Aber ist sein Vorteil so groß, daß er die Entscheidung durch eine Opferkombination gestattet? Die Beantwortung dieser Frage ist vor allem dann von Bedeutung, wenn der Gegner über die eine oder andere Kompensation verfügt. So hat zum Beispiel Schwarz in Stellung **66** die Bauernmehrheit auf dem Damenflügel, welche eine belangreiche, vielleicht sogar entscheidende Rolle spielen kann, wenn Weiß seinen Angriff am Königsflügel nicht bald durchzusetzen vermag. Das Urteil besteht also in vielen Fällen dieser Art in einer genauen Prüfung der Stellung; für den geübten Kombinationsspieler freilich ist es mehr eine Frage der Intuition. Diese sagt ihm, wann ein Angriff noch gerade Erfolg verspricht oder nicht.

Doch ist diese Wissenschaft in der vorliegenden Stellung nicht mehr von Belang: die Würfel sind bereits gefallen, praktisch schon mit dem 10. Zuge, als Weiß mit der langen Rochade zu erkennen gab, daß er auf den Gegensatz Königsflügel gegen Damenflügel hinsteuerte.

Darum steht der **Plan** im Vordergrund. Weiß hat seinen Randbauern vorgestoßen, wobei der Tausch 13. Lf6: (um Platz für den g-Bauern zu schaffen) besondere Aufmerksamkeit verdient. Alles steht nun zur Explosion bereit: die Türme hinter den vorgerückten Bauern, Lf5 zu 100% aktiv, De2 im Hintergrund und die weißen Springer in Reserve.

Rubinstein hat die Stellung für die entscheidende Kombination reif gemacht, die nun folgt.

18. Lf5 × h7†!

Mit der gleichen Zielsetzung wie in den Beispielen des vorhergehenden Abschnitts: Öffnung von Angriffslinien für die Türme; nur kostet das hier Material, so daß die Konsequenzen genau berechnet werden mußten.

18. ...   Kg8 × h7
19. g5—g6†!

Die logische Fortsetzung, aber man fragt sich vielleicht, ob die offene h-Linie nach 19. ... fg6:, 20. hg6:† Kg8 wohl eine Figur wert ist. Keine Sorge, Rubinstein hat für uns kombiniert, und seine Pläne lauten ein bißchen anders; er will nach etwa 19. ... fg6: mit 20. Se4:! schnell gewinnen: 20. ... de4:, 21. Sg5† und nun

64

1. 21. ... Kg8 22. Dc4:† usw.

2. 21. ... Kh8 22. fg6:† usw.

3. 21. ... Kh6 22. Sf7†! usw.
   19. ...   Kh7—g8
   20. Sc3×e4   d5×e4

20. ... De4: geht nicht wegen

21. gf7:† Kf7:, 22. Sg5† usw.
   21. h5—h6!

67

Schwarz am Zuge

Dies ist die kritische Stellung, die über das Gelingen des weißen Angriffs entscheidet. Drei Züge zuvor hat der Weiße u a. diese Position im Auge gehabt und beurteilt, sei es auf Grund von Berechnungen, sei es intuitiv. Die meisten großen Spieler gehen intuitiv zu Werke, wobei sie zur Kontrolle ein oder zwei Varianten durchrechnen. Es soll unsere Aufgabe sein, auch diese Intuition soweit als möglich zu umgrenzen; das heißt, wir müssen feststellen, aus welchen Gründen der Großmeister — wenn auch vielleicht im Unterbewußtsein — die Stellung als für Weiß gewonnen taxiert. Und damit kommen wir zu den folgenden kleinen Besonderheiten, die wir *Fingerzeige* nennen wollen und die wir stets zu Rate ziehen sollen, wenn es um das Gelingen von Opferkombinationen geht:

1. vertikale Wirkung des weißen g-Turmes,
2. vertikale Wirkung des weißen h-Turmes,
3. horizontale Wirkung des g-Turmes, der einen Stützpunkt auf g7 hat,
4. horizontale Wirkung des h-Turmes, der einen Stützpunkt auf h7 hat,
5. die Kraft des gedeckten g-Bauern auf der 7. Reihe, mit Unterstützung eines Turmes auf der h-Linie,
6. die Möglichkeit, mit der weißen Dame über c4 einzugreifen,
7. die Möglichkeit, die weiße Dame auf der Linie c2—h7 zu verwenden, sobald Schwarz auf f3 schlägt.

Wenn wir nun diese Stellung systematisch untersuchen wollen, müssen wir erst das Material zählen. Die Grundlage jeder Berechnung oder jedes Urteils ist das jeweilige Kräfteverhältnis. Stünden die Partien materiell gleich, dann wäre für Weiß keinerlei Berechnung notwendig; es würde für ihn kein Unterschied von Bedeutung sein, ob auf Grund einer genauen Prüfung die Stellung in 10 oder in 20 Zügen gewonnen wird. Da aber Weiß mit einer Figur im Nachteil ist, muß man stets näher untersuchen, ob Weiß in naher Zukunft diesen Rückstand kompensieren kann.

Frage eins lautet: Bedeutet in der Diagrammstellung der Zug 22. g6×f7†, vom materiellen Standpunkt aus betrachtet, eine Drohung?
Untersuchen wir:

1. 22. ... Kg8×f7, 23. Tg1×g7† Kf7—f8, 24. Tg7×e7 Te8×e7, 25. Sf3—g5 und Weiß hat Dame und Bauer gegen Turm und Figur.

2. 22. ... De7×f7, 23. Tg1×g7† Df7×g7, 24. h6×g7 e4×f3?, 25. Dc2—h7† usw.

Die Antwort ist also bejahend: 22. g6×f7† bedeutet in der Tat eine Drohung, und diese Erkenntnis macht es bereits überflüssig, Züge wie Ta8—c8 und b6—b5 zu erwägen. Auch wenig effektive Verteidigungen wie e4×f3 und De7—f6 sind demzufolge leichter zu widerlegen, so daß praktisch nur vier Bauernzüge übrigbleiben: fg6:, gh6:, f5 und f6.

Vollständigkeitshalber wollen wir aber alle halbwegs vernünftigen Züge Revue passieren lassen:

1. 21. ... e4×f3, 22. g6×f7†
    a) 22. ... De7×f7, 23. h6×g7! Df7×g7, 24. Dc2—h7† usw.
    b) 22. ... Kg8×f7, 23. Dc2—g6† Kf7—g8, 24. h6×g7 usw.

2. 21. ... Lb7—d5, 22. g6×f7† Ld5×f7, 23. h6×g7 Lf7—d5, 24. Th1—h8† Kg8—f7, 25. g7—g8D† Te8×g8, 26. Th8—h7† usw.

3. 21. ... Te8—f8, 22. h6×g7 Kg8×g7, 23. g6×f7† Kg7—f6, 24. Th1—h6† usw.

4. 21. ... De7—f6, 22. g6×f7† Kg8×f7, 23. Tg1×g7†
    a) 23. ... Df6×g7, 24. h6×g7 e4×f3, 25. Dc2—f5† Kf7—e7, 26. g7—g8D usw.
    b) 23. ... Kf7—f8, 24. Sf3—g5 usw.
    c) 23. ... Kf7—e6, 24. Tg7×b7 Df6×f3, 25. Dc2×c4† usw.

5. 21. ... g7×h6, 22. g6×f7†† Kg8×f7, 23. Th1×h6 Te8—h8, 24. Dc2×c4† usw.

6. 21. ... f7×g6, 22. Sf3—h4! g6—g5 (22. ... Ld5 dann 23. Tg6: oder 22. ... Kh7 dann 23. hg7: Kg7:, 24. Sf5†), 23. Sh4—g6, De7—e6, 24. h6—h7† Kg8—f7, 25. h7—h8D Te8×h8, 26. Sg6×h8† usw.

7. 21. ... f7—f5, 22. h6×g7,
    a) 22. ... e4×f3, 23. Dc2×f5 Lb7—e4, 24. Th1—h8† Kg8×g7, 25. Th8—h7† Kg7—g8, 26. Df5—h5 usw.
    b) 22. ... De7×g7, 23. Th1—h7,
        b1) 23. ... e4×f3, 24. Dc2×f5 usw.
        b2) 23. ... Dg7—f6, 24. Th7—f7 Df6—e6, 25. Sf3—g5 De6—d5, 26. Dc2—d1! Te8—e7, 27. Dd1—h5 usw.

8. 21. ... f7—f6 (wie in der Partie geschah) 22. h6×g7,
    a) 22. ... e4×f3, 23. Th1—h8† Kg8×g7, 24. Th8—h7†, Kg7—g8, 25. Dc2—f5! und gewinnt,
    b) 22. ... De7—e6, 23. Th1—h8†, Kg8×g7, 24. Th8—h7†,
        b1) 24. ... Kg7—g8, 25. Tg1—h1 und gewinnt,
        b2) 24. ... Kg7—f8, 25. Th7×b7, e4×f3, 26. g6—g7† Kf8—g8, 27. Dc2—h7†! usw.

66

Alles in allem eine sehr verwickelte Reihe von Varianten, die man unmöglich völlig durchrechnen kann und bei denen die Intuition notwendigerweise eine wichtige Rolle spielt. Andererseits darf man jedoch nicht vergessen, daß die Intuition nicht auf exakter Basis ruht und deshalb — wenn irgend möglich — durch eine nachprüfende Berechnung ergänzt werden muß.

Noch einmal alles zusammenfassend kommen wir im Hinblick auf Stellung 66 zu dem folgenden Urteil: Weiß steht besser (auf Gewinn) dank der vorgeschobenen Position seiner Bauern und der Aktivität seiner Figuren, vor allem der Türme. Der **Plan** besteht im Finden der entscheidenden Kombination, welche unter Hergabe eines Läufers zum Öffnen der Angriffslinien für die Türme führt. Stellen wir die Frage nach Urteil und Plan einige Züge früher, z. B. nach dem 10. Zuge von Schwarz, dann stellen wir fest:

68

Weiß am Zuge

Urteil: zweifelhaft. Die weißen Chancen am Königsflügel halten sich mit denen von Schwarz am Damenflügel ungefähr die Waage.

Plan (für Weiß): Bauern nach vorn, Figuren in Kampfstellung.

Die Merkregel, mit den Bauern rücksichtslos vorzugehen, um dem Königsangriff Kraft zu verleihen, gilt natürlich hauptsächlich nur für Partien mit entgegengesetzten Rochaden.

Weiß kann in Stellung 68 seine Bauern ohne besonderes Risiko vorrücken; aber wenn beide Parteien nach der gleichen Seite ro-

chiert haben, hat jeder Vormarsch von Angriffsbauern eine Schwächung der eigenen Königsstellung zur Folge, so daß hier eine genaue Überlegung angebracht ist.

Betrachten wir Stellung 69, welche entsteht nach 1. e2—e4 e7—e5, 2. Sg1—f3 Sb8—c6, 3. Lf1—b5 a7—a6, 4. Lb5—a4 d7—d6, 5. o—o Sg8—f6, 6. c2—c3 Lc8—d7, 7. d2— d4 Lf8—e7, 8. d4—d5 Sc6—b8, 9. La4—c2 Ld7—g4, 10. c3—c4 Sb8—d7, 11. h2—h3 Lg4—h5, 12. Sb1—c3 o—o, 13. g2—g4 Lh5—g6, 14. Dd1—e2 Aljechin-Johner, Zürich 1934.

Schwarz am Zuge

69

Weiß hat seine Königsflügelbauern vorgerückt und sich so Raum für die wirkungsvolle Aufstellung seiner Angriffsfiguren verschafft (z. B. könnten nach Ld2 und Kg2 die Türme nach g1 und h1 gehen). Schwarz hat eine ähnliche Möglichkeit nicht, besonders, weil der Lg6 arg im Wege steht. Daraus folgt, daß die weiße Stellung den Vorzug verdient; es sei denn, Schwarz fände Mittel und Wege, in der Diagrammstellung aktiv aufzutreten. Seine einzige Chance besteht deshalb in 14. ... h7—h5, welcher Zug auf den ersten Blick wegen 15. Sf3—h4 mit Tausch des Läufers und Schwächung der schwarzen Bauernstellung nichts zu taugen scheint, zumal 15. ... Lh7 an 16. g5 (nebst Bauerngewinn für Weiß) und die bekannte Kombination 15. ... Le4: an 16. Se4: Se4:, 17. De4: mit Mattdrohung scheitert. Betrachtet man diese Stellung aber näher, dann zeigt sich, daß Schwarz den Tausch auf g6 durchaus nicht zu fürchten braucht und mit 15. ... h5 × g4, 16. h3 × g4, Sf6—h7! fortfahren kann. Nach

1. 17. Sh4 × g6, f7 × g6 droht Schwarz die weiße Stellung mit 18. ... Lg5 und der darauffolgenden Beherrschung des Feldes f4 ganz festzulegen, so daß 18. f2—f4 so gut wie erzwungen ist, worauf 18. ... e5 × f4, 19. Lc1 × f4, Le7—f6 mit Eroberung des Feldes e5 folgt.

Weiter ist auch

2. 17. Sh4—f5, Le7—g5! nicht befriedigend für Weiß, wie u. a. die Partie v. d. Bosch—Kmoch (Baarn 1941) zeigt: 18. Kg2 Lc1:, 19. Tc1: Dg5, 20. Th1 Lf5:, 21. ef5: g6! usw.

Der Witz ist in beiden Fällen, daß Schwarz die Kontrolle über einige schwarze Felder am Königsflügel (insbesondere f4) bekommt, wodurch der weiße Bauernkomplex seine Elastizität verliert und Lc2 inaktiv bleibt. Der Vormarsch am weißen Königsflügel bedeutet demzufolge einen Nachteil, und der 13. Zug von Weiß (g2—g4) verdient ein Fragezeichen. Weiß hätte diesen Vorstoß etwa mit Ld2, Kh2 und Tg1 sorgfältig vorbereiten müssen, und wenn es auch nicht sicher ist, daß er damit Erfolg gehabt hätte — Nachteil wäre in jedem Falle vermieden worden.

Obschon Schwarz in der nun zu behandelnden Partie die stärkste Fortsetzung versäumt, ist es doch von Wert, sie näher zu untersuchen; einmal, weil sie so deutlich die fatalen Folgen einer passiven Verteidigung zeigt, zum anderen, weil ihre Behandlung durch Weiß wirklich als Modell dienen kann.

Von Stellung 69 aus:

14. ...   Sf6—e8?
15. Lc1—d2   h7—h6

Eine Schwächung, die besonders im Hinblick auf die passive Haltung von Schwarz unvermeidlich ist, weil sonst der Lg6 ins Gedränge kommt. Jedoch wird damit dem weißen Angriff in die Hand gespielt, und deshalb verdiente die aktive Fortsetzung 15. ... h5 noch immer den Vorzug (16. Sd1 Sf6). In diesem Falle behielt Schwarz ungeachtet des Tempoverlustes von zwei Zügen doch noch Gegenchancen.

16. Kg1—g2   Lg6—h7
17. Tf1—h1   g7—g5

Dies setzt Weiß in die Lage, die
h-Linie in einem beliebigen Augenblick zu öffnen, aber die Konsequenzen von h3—h4 und eventuell
g4—g5 (nach sorgfältiger Vorbereitung) wären sicher nicht minder ernst gewesen.

18. h3 —h4   f7—f6
19. Sc3—d1!   Tf8—f7
20. Sd1—e3   Sd7—f8

Um diesen Springer über g6 nach
f4 zu bringen.

21. Se3—f5   Lh7 × f5

Erzwungen, aber nun wird das
Feld g6 gesperrt.

22.   g4 × f5   Tf7—h7
23. Ta1—g1!   Se8—g7
24. Kg2—f1

Weiß hat alles schön ausgedacht.

24. ...   Dd8—e8

So findet einer der schwarzen
Springer doch noch den Weg nach
f4.

25. Sf3—h2   Sg7—h5
26. Sh2—g4   Sh5—f4
27. De2—f3

70

Schwarz am Zuge

Mit der hübschen Drohung 28. Lf4:
ef4:, 29. Df4:! gf4:, 30. Sh6:† nebst
matt.

27. ...   Kg8—g7
28.   h4 × g5   h6 × g5

29. Th1 × h7†   Sf8 × h7
30. Tg1—h1

Weiß hat auf einfache Weise die
h-Linie in Besitz genommen. Jetzt
droht 31. Lf4: nebst 32. Dh3 mit
schneller Entscheidung.

30. ...   Kg7—h8
31. Th1—h6   De8—f7
32. Lc2—d1   Ta8—g8

Schwarz steht vor einer lästigen
Aufgabe: er hat kein Gegenspiel
und muß sich gegen alle möglichen
Drohungen verteidigen.

So zum Beispiel lag jetzt wieder
das Manöver 33. Dh1, 34. Lf4: und
35. Se3l nebst 36. Lh5 und 37. Lg6
in der Luft. Der Textzug macht
dies unschädlich, da 33. .... Tg7
folgen kann, hat aber andererseits
den Nachteil, den schwarzen Damenflügel ungedeckt zu lassen, und
davon profitiert Weiß unmittelbar.

33. Df3—b3!

Besonders stark und sehr instruktiv: der Angreifer darf nicht die
Möglichkeit eines Ablenkungsangriffs aus dem Auge lassen. Wenn
der schwarze Turm sich zurückzieht, öffnet Weiß sich für seine
Dame einen Zugangsweg zur
schwarzen Stellung und erzielt damit zum wenigsten Bauerngewinn.

33. ...   b7—b6

Nach 33. .... Tb8, 34. Lf4: gf4:
(oder ef4:) kann sowohl 35. Dh3!
(35. .... Tg8, 36. Se5: fe5:, 37. Lh5
oder 35. .... Dg7, 36. Tg6 Df8,
37. Sh6) als auch 35. Tg6! geschehen.

34. Db3—a4!

Mit der Doppeldrohung 35. Da6:
und 35. Dd7.

34. ...   Le7—f8
35. Da4 × a6   Lf8 × h6
36. Sg4 × h6   Df7—g7

Man beachte, wie wichtig es für Weiß ist, daß der Ld1 den Ausfall der schwarzen Dame nach h5 verhindert.

37. Sh6 × g8   Kh8 × g8
38. Da6—c8†   Sh7—f8
39. Ld2 × f4

Endlich wird diese Last beseitigt, und zwar in einem Augenblick, in dem Schwarz aus den sich öffnenden Linien keinen Vorteil ziehen kann.

39. ...   e5 × f4

Auf 39. ... gf4: folgt 40. Lf3, und danach gewinnt Weiß am einfachsten durch Vormarsch seiner a- und b-Bauern.

40. Dc8—e8   g5—g4

Die letzte nicht zu unterschätzende Möglichkeit für Schwarz.

41. De8—h5   f4—f3
42. Ld1—a4   Sf8—h7
43. La4—c2

Nach 43. Le8 würde Schwarz mit 43. ... Sg5! noch Gegenchancen erhalten.

43. ...   Sh7—f8

Aljechin setzt im Turnierbuch auseinander, warum 43. ... Sg5 nichts ergibt: 44. Dg4: Dh6, 45. Kg1! und nun:

1. 45. ... Kf8, 46. Ld1 Sh3†, 47. Kf1 Dc1 (Dd2), 48. Df3: usw.
2. 45. ... Dg7, 46. Dg3! usw. (S. Diagramm 71).

44. e4—e5!

Weiß schien noch vor einer schwierigen Aufgabe zu stehen, da sein

71

Weiß am Zuge

Läufer wenig Wirksamkeit entwickelte; aber mit dem Textzug sind plötzlich alle Probleme gelöst. Das Bauernopfer hat zwei Pointen: eine positionelle (44. ... fe5:, 45. f6! Df6:, 46. Dg4:† Kf7, 47. Le4) und eine kombinatorische (siehe den Partieverlauf).

44. ...   d6 × e5
45. d5—d6!

Nun geht 45. ... cd6: nicht wegen 46. c5!!, z. B.

1. 46. ... bc5:? (dc5:?), 47. Lb3† und gewinnt.
2. 46. ... Dc7, 47. Lb3† Kg7, 48. Dg4:† Kh6, 49. Dg8 De7, 50. c6 usw.
3. 46. ... Dd7, 47. cd6: Sh7, 48. Lb3† Kh8, 49. Dg6 und gewinnt.

45. ...   c7—c5

Auf 45. ... c6 folgt selbstverständlich 46. c5!

46. Lc2—e4   Dg7—d7
47. Dh5—h6!

Schwarz gab auf, denn 47. ... Sh7 scheitert an 48. Ld5† Kh8, 49. Dg6 Dd8, 50. d7.

Urteil über die Stellung etwa nach dem 16. Zuge: günstig für Weiß, der mehr Raum am Königsflügel hat.

Plan: wirkungsvolle Aufstellung der Figuren (Türme auf g1 und h1, der eine Springer nach f5, der andere nach g4; später der Läufer nach d1); sorgfältige Vorbereitung der Linienöffnung (28. hg5:) und Beobachtung beider Flügel (33. Db3!).

Der weiße Angriff ist durch die passive Haltung von Schwarz ermöglicht worden und wird durch die unglückliche Position des Lg6 erleichtert. Ohne die Anwesenheit dieses Läufers würde es für Weiß nicht so einfach sein, eine offene Angriffslinie zu erlangen, und weil dieses Problem in einigen wichtigen Varianten der spanischen Partie im Vordergrund steht, geben wir hierzu noch ein charakteristisches Beispiel.

1. e2—e4 e7—e5, 2. Sg1—f3 Sb8—c6, 3. Lf1—b5 a7—a6, 4. Lb5—a4 Sg8—f6, 5. o—o Lf8—e7, 6. Tf1—e1 b7—b5, 7. La4—b3 d7—d6, 8. c2—c3 o—o, 9. h2—h3 Sc6—a5, 10. Lb3—c2 c7—c5, 11. d2—d4 Dd8—c7, 12. Sb1—d2 Lc8—b7, 13. d4—d5 Lb7—c8, 14. Sd2—f1 Tf8—e8, 15. Kg1—h2 g7—g6, 16. Sf1—e3 Le7—f8, 17. g2—g4 (Alexander—Pachman, Hilversum 1947).

72

Schwarz am Zuge

Weiß steht besser. Die Situation ist hier günstiger für Weiß als in Stellung 69, da Schwarz nicht die Möglichkeit besitzt, am Königsflügel aktiv zu werden (wie mit h7—h5 in Stellung 69). Ebensowenig kann Schwarz mit f6, g6, Sf7 und Sg7 eine befriedigende Verteidigungsposition einnehmen, weil infolge seines 9. Zuges der Sa5 zu weit entfernt steht.

17. ...   Lf8—g7
18. Te1—g1   Kg8—h8
19. Sf3—g5!

Mit der Absicht, die Schwächung h7—h6 zu provozieren. Tut Schwarz dies nicht, dann bekämpft der Springer jedenfalls die wichtigen Felder f7 und h7.

19. ...   Te8—f8
20. h3—h4

Um, falls doch h6 kommt, den Springer nach h3 zurückzuziehen, von wo er den Vormarsch f2—f4 unterstützen kann.

20. ...   Sf6—g8
21. Dd1—e2   Lc8—d7
22. Lc1—d2   Sg8—e7?

Dies ermöglicht Weiß eine überraschende Angriffskombination. Richtig war 22. ... f6, 23. Sh3 und nun erst 23. ... Se7.

23. Se3—f5!!

73

Schwarz am Zuge

Weiß opfert einen Springer, um die g-Linie zu öffnen und das Feld h5 für die Dame frei zu machen. Wie in unserem ersten Beispiel spielt auch hier die Intuition eine wesentliche Rolle, da sich die Konsequenzen des Opfers nicht genau berechnen lassen.

23. ...   **g6 × f5**

Ein hübscher Beweis, wie schwierig es selbst für einen Meister sein kann, ein Opfer in seinem richtigen Wert einzuschätzen. Nach der Annahme des Opfers erhält der weiße Angriff entscheidende Kraft. Die einzige Chance für Schwarz bestand in 23. ... Lf6, wonach Weiß die Wahl hat zwischen: 1. der gediegenen Fortsetzung 24. Se7: Le7:, 25. f4! und 2. der chancenreichen Opferwendung 24. Sh7: Kh7:, 25. g5 usw.

24. g4 × f5

74

Schwarz am Zuge

24. ...   **f7—f6**

Andere Möglichkeiten waren ebenfalls ungenügend:

1. 24. ... h6, 25. Dh5 Le8 (oder 25. ... f6, 26. Sf7† oder 25. ... Kg8, 26. f6) 26. f6! und gewinnt.
2. 24. ... Sg8, 25. Sh7:! Kh7:, 26. Dh5† Lh6 (oder 26. ... Sh6,

27. Tg7:†! usw.), 27. Tg8:! und gewinnt.

25. Sg5 × h7!

Ein zweites Opfer, das sich logisch aus dem vorhergehenden ergibt. Auf 25. ... Kh7: folgt 26. Dh5† Kg8, 27. Tg7:† Kg7:, 28. Tg1 matt.

25. ...   **Ld7—e8**

Das einzige. Schwarz muß das Feld h5 decken. Auf 25. ... Tg8 folgt einfach 26. Sf6:, und nach 25. ... Tf7 gewinnt Weiß durch 26. Dh5 Kg8, 27. Lh6 Le8, 28. Tg7: + Tg7:, 29. Sf6:† Kf8 (Kh8), 30. Lg7:† Kg7:, 31. Se8:†.

26. Tg1 × g7!

Die letzte Überraschung. Bei 26. Sf8: würde Schwarz noch über Verteidigungsmöglichkeiten verfügen.

26. ...   **Kh8 × g7**
27. Sh7 × f8   **Kg7 × f8**

Wohl oder übel muß Schwarz schlagen, denn sonst erscheint der weiße Springer auf e6. Man sehe: 27. ... Lf7, 28. Se6† Le6:, 29. Tg1† usw.

28. Ld2—h6†   **Kf8—f7**

Auf 28. ... Kg8 folgt 29. Dg4† usw.

29. De2—h5†   **Se7—g6**
30. f5 × g6†   **Kf7—g8**
31. Dh5—f5   **Dc7—e7**

Mit zwei starken Mehrbauern unter Beibehaltung der Angriffschancen steht Weiß klar auf Gewinn, und wir geben daher den Schluß der Partie ohne Kommentar. Es folgte noch 32. Ta1—g1 Sa5—c4, 33. Lh6—c1 Le8—d7, 34. Df5—f3 Ta8—f8, 35. b2—b3 Sc4—b6, 36. h4—h5 f6—f5, 37. Lc1—g5 f5 × e4, 38. Df3—e2 De7—e8, 39. Lc2 × e4 Ld7—f5, 40. Lg5—h6 Tf8—f6, 41. De2—f3, und Schwarz gab auf.

Beantworten wir zum Schluß noch die Frage nach Urteil und Plan in Stellung 72:

Urteil: Weiß steht besser; sein Raumvorteil verschafft ihm Angriffschancen am Königsflügel.

Plan: Möglichst günstige Aufstellung der Angriffsfiguren; Hervorrufen von Schwächungen (19. Sg5!); Vernichtung der schützenden Bauernfront vor dem feindlichen König (23. Sf5!! und 25. Sh7:!) durch Opfer.

Manchmal hat der Vormarsch der Königsflügelbauern nur zum Ziel, Stützpunkte zu schaffen und günstig postierte feindliche Figuren zu vertreiben, wobei die Angriffskraft der vorrückenden Bauern nur eine untergeordnete Rolle spielt. In diesem Falle ist hinsichtlich der Sicherheit des eigenen Königs große Wachsamkeit geboten. Hierzu ein Beispiel:

1. e2—e4 c7—c6, 2. c2—c4 e7—e5, 3. Sg1—f3 d7—d6, 4. d2—d4 Lc8—g4, 5. Sb1—c3 Sb8—d7, 6. Lf1—e2 Sg8—f6, 7. o—o Lf8—e7, 8. Lc1—e3 o—o, 9. Sf3—d2 Lg4×e2, 10. Dd1×e2 Dd8—a5, 11. g2—g4 (Mikenas—Flohr, Hastings 1937 bis 1938).

75

Schwarz am Zuge

Wozu dieser letzte Zug? Will Weiß mit seinen Königsflügelbauern vorstürmen und auf diese Weise den feindlichen König bedrohen? Nein, denn dazu stehen die weißen Figuren ganz und gar nicht bereit. Könnte es jedoch nicht sein, daß Weiß zunächst vorrückt, um erst später seine Truppen in die gewünschte Schlachtordnung zu bringen? Im allgemeinen ist aber ein Bauernsturm am Königsflügel sehr riskant, wenn das Zentrum nicht geschlossen ist — aus leicht verständlichen Gründen: ein offenes Zentrum verschafft zuviel Möglichkeiten für Gegenaktionen.

Nun ist das Zentrum in dem vorliegenden Falle zwar noch nicht geschlossen; aber Weiß kann jeden Augenblick d4—d5 spielen und damit bessere Voraussetzungen für einen allgemeinen Bauernsturm schaffen.

Man muß deshalb den Zug g2—g4 als auf folgende Überlegungen gestützt betrachten:

a) Weiß behält sich die Möglichkeit d4—d5 vor, eventuell gefolgt von f3, Kf2, Th1 und Tag1.

b) Der weiße g-Bauer bekämpft die Felder f5 und h5, wodurch es u. a. der schwarzen Dame unmöglich gemacht wird, nach dem Königsflügel zu schwenken.

c) Weiß droht eventuell mit g4—g5 den schwarzen Springer auf ein ungünstiges Feld zu treiben.

Urteil: Weiß hat die größere Bewegungsfreiheit und steht deshalb etwas besser.

Plan: Behauptung dieses Übergewichtes durch effektive Aufstellung der Figuren, wobei stets der Übergang zu einem allgemeinen Sturm im Auge behalten wird (siehe a).

11. ...   e5 × d4

Schwarz hebt die Spannung auf, um die eben geschilderte Möglichkeit möglichst auszuschalten. Den Vorzug verdiente jedoch 11. ... h6 nebst 12. ... Sh7.

12. Sd2—b3!

Dies ist viel stärker als 12. Ld4:, worauf 12. ... Dg5 folgt.

12. ...   Da5—a6
13. Sb3 × d4   Sd7—e5

Mit Angriff auf c4 und g4, so daß die weiße Antwort erzwungen ist.

14. g4—g5   Sf6—e8
15. b2—b3   Le7—d8
16. f2—f4   Se5—g6
17. h2—h4

Es sieht so aus, als ob Weiß doch einen allgemeinen Bauernsturm beabsichtigt; aber dieser hat hier eine andere Bedeutung. Weiß will nicht wie sonst zur 6. Reihe vorstoßen und den schwarzen König direkt bedrohen (dies hätte bei der wenig effektiven Aufstellung der weißen Figuren auch nur geringe Chancen), sondern Raum erobern und Felder beherrschen.

17. ...   Ld8—b6

Selbstredend nicht 17. Sh4: wegen 18. f5!, und der schwarze Springer kann nicht zurück.

18. Sd4—f5!

Nun droht Figurengewinn durch 19. h5, da 19. ... Sh8 wegen 20. Se7 matt nicht möglich ist. Man beachte, daß diese Schwierigkeiten für Schwarz eine Folge des weißen Bauernvormarsches sind, wodurch die schwarzen Springer auf ungünstige Felder getrieben werden.

18. ...   Da6—a5
19. Ta1—c1   Lb6 × e3†
20. De2 × e3   Da5—c7

Die Dame beherrscht das Feld e7, sodaß die weiße Drohung pariert ist.

21. Sc3—e2   Sg6—e7
22. Se2—d4   Se7 × f5
23. Sd4 × f5

76

Schwarz am Zuge

Betrachten wir diese Stellung etwas näher, dann können wir feststellen, daß es Weiß gelungen ist, auf breiter Front vorzurücken, ohne dafür Schwächungen in Kauf zu nehmen. Man kann allerdings auch sagen: die Schwächungen sind wohl da, allein Schwarz vermag nicht davon zu profitieren. Seine Figuren sind inaktiv und schlecht aufgestellt. Wenn also einerseits feststeht, daß die vorgerückte Bauernlinie keinen Nacheil bedeutet, dann muß man sich andererseits aber fragen, welche Vorteile damit für Weiß verbunden sind. Nun:

a) Die Felder vor der schwarzen Königsstellung sind für schwarze Figuren nicht mehr zugänglich (Sf6 und Sg6 mußten die Flucht ergreifen).

b) Die vorrückenden Bauern schaffen Stützpunkte für die eigenen Figuren (Sf5).

c) Die Bauernfront bedeutet eine Angriffswaffe, die besonders dann zur Wirkung kommt, wenn Schwarz mit seinen eigenen Bauern etwas unternimmt (z. B. 23. ... g6, 24. Sh6 + Kg7, 25. Dc3† f6, 26. Sg4, und Schwarz kommt in große Schwierigkeiten).

Schwarz ist deshalb zu einer passiven Haltung gezwungen, und dies macht seinen Entschluß begreiflich, mit 23. ... Dc7—b6 auf Damentausch zu spielen, ohne damit jedoch die erhoffte Entlastung zu finden. Nach 24. h4—h5 Se8—c7, 25. De3 × b6 a7 × b6, 26. Tc1—c2 Tf8—d8, 27. Tf1—d1 laborierte er an der Schwäche seines d-Bauern und verlor schließlich nicht zuletzt durch die Stärke des rechten weißen Flügels, welche jede Gegenaktion auf dieser Seite hemmte.

Ein instruktives, aber gefährliches Beispiel. Instruktiv, indem man daraus lernt, daß der Angriffswert einer Bauernformation steigt, je weiter sie vordringt; gefährlich, weil man allzu leicht geneigt ist, das mit dem Vormarsch der Königsflügelbauern verbundene Risiko zu unterschätzen. Man darf nicht vergessen, daß die Bauern ihre Abwehrfunktion schlecht erfüllen können, wenn sie nicht mehr auf ihren ursprünglichen Plätzen stehen, und es ist sehr schwer zu entscheiden, wann der Vormarsch richtig und wann er nicht richtig ist.

In dieser Hinsicht ist auch der folgende Spielschluß sehr bemerkenswert.

1. e2—e4 e7—e5, 2. Sg1—f3 Sb8—c6, 3. Lf1—b5 d7—d6, 4. d2—d4 Lc8—d7, 5. Sb1—c3 Sg8—f6, 6. Lb5 × c6 Ld7 × c6, 7. Dd1—d3 e5 × d4, 8. Sf3 × d4 Lc6—d7, 9. Lc1—g5 Lf8—e7, 10. 0—0—0 0—0, 11. f2—f4 Sf6—e8, 12. Lg5 × e7 Dd8 × e7, 13. Sc3—d5 De7—d8, 14. g2—g4 (Spielmann—Maróczy, Göteborg 1920).

Schwarz am Zuge

77

Das Vorrücken des g-Bauern bedarf kaum einer genauen Berechnung. Die einfache Überlegung, daß das Schlagen auf g4 die g-Linie für Weiß öffnen würde, genügt eigentlich schon: der Angriff auf der offenen g-Linie ist sicher einen Bauern wert. Die Rechtfertigung dieser gefühlsmäßigen Überlegung durch Analysen würde freilich eine umfangreiche Arbeit bedeuten und Varianten umfassen wie etwa 14. ... Lg4:, 15. Tdg1 Ld7, 16. f5f6,

17. Sf4, oder 15.... Le6, 16. Se3 c5, 17. Sdf5 usw. Der Kampf ist sowohl für Weiß als auch für Schwarz äußerst schwierig: wenn man mit Schwarz die richtige Verteidigung versäumt oder mit Weiß nicht die schärfste Angriffsmethode findet, kann eine schnelle Niederlage die Folge sein. Bei einem wesentlichen Unterschied in der Spielstärke pflegt denn auch der stärkere Spieler sich auf die Annahme solcher Bauernopfer einzulassen, aber dies darf für den schwächeren Spieler kein Grund sein, das Bauernopfer nicht zu bringen: nur so lernt man das Schachspiel wirklich kennen. Man stelle sich also grundsätzlich auf den Standpunkt, daß *bei verschiedenartigen Rochaden und bei Vorhandensein eines ausreichenden Angriffsmaterials die offene g- und h-Linie stets einen Bauern wert ist.*

In der Partie folgte:

14. ...   Se8—f6
15. Sd4—f5!

78

Schwarz am Zuge

Konsequente Befolgung unseres Prinzips: die offene g-Linie ist einen Bauern wert. In diesem Falle ist der Beweis der Korrektheit weniger kompliziert: 15.... Sg4:, 16. Thg1 Lf5:, 17. ef5:, und nun:

1. 17. ... Sf2?, 18. Dg3 usw.
2. 17. ... Sf6, 18. Dc3
   a) 18. ... Kh8, 19. Tg7:!
     a1) 19. ... Sd5:, 20. Tg8††!
       und matt.
     a2) 19. ... Kg7:, 20. Tg1†
       Kh8, 21. Sf6: usw.
   b) 18.... Se8, 19. f6 g6, 20. Se7 +
     Kh8, 21. f5 Dd7, 22. fg6: hg6:,

23. Sg6:† fg6:, 24. Tg6: Dh7, 25. Tdg1 usw.

3. 17. ... Sh6, 18. f6 g6, 19. Dh3! mit Figurengewinn.

Man beachte jedoch, daß der Vormarsch g2—g4 in erster Linie einen Stützpunkt auf f5 für einen weißen Springer schaffen sollte. Wenn Schwarz diesen Springer durch Tausch beseitigt, bekommt Weiß die offene g-Linie für den Angriff, und wir wissen gut, was das bedeutet.

Vertreibung des Springers kommt in der gegebenen Position überhaupt nicht in Betracht, da 15. ... g6 durch 16. Dd4! sofort widerlegt wird (16. ... Sd5:, 17. Sh6 matt).

15. ...   Sf6 × d5
16. Dd3 × d5   Ld7—c6
17. Dd5—d4   Dd8—f6

Schwarz nimmt die Schwächung seiner Bauernstellung in Kauf, weil er nach 17. ... f6 die Angriffsfortsetzung 18. g5 und 19. Thg1 fürchtete — vermutlich nicht zu Unrecht. In der Partie folgte nun: 18. Dd4 × f6 g7 × f6, 19. Sf5—g3 Kg8—h8, 20. Th1—e1, mit deutlichem Endspielvorteil für Weiß.

Lassen wir die Beispiele dieses Abschnittes Revue passieren, dann zeigt sich, daß die vorgerückte Bauernfront in den Diagrammen 66, 69, 72 *dynamische* und in den Diagrammen 76, 77 *statische* Bedeutung hat.

Es ist natürlich auch denkbar, daß man einen Königsangriff ohne Vormarsch der Bauern beginnt, doch wird in vielen dieser Fälle wenigstens der eine oder andere Flügelbauer eine Rolle spielen.

Hierzu ein Vorbild:

1. e2—e4 e7—e6, 2. d2—d4 d7—d5, 3. Sb1—c3 d5 × e4, 4. Sc3 × e4 Sb8—d7, 5. Sg1—f3 Sg8—f6, 6. Se4 × f6 + Sd7 × f6, 7. Lf1—d3 c7—c5, 8. d4 × c5 Lf8 × c5, 9. Lc1—g5 Lc5—e7, 10. Dd1—e2 o—o, 11. o—o—o (Spielmann—Petrov, Margate 1938) (s. Diagramm 79).

Urteil: Weiß steht zweifellos besser, nicht nur wegen der Drohung Lh7:† mit Damengewinn, sondern vor allem auch im Hinblick auf die starke Po-

79

Schwarz am Zuge

stierung seiner Figuren, die fast ohne Ausnahme am Angriff teilnehmen können.

Plan: Siehe die weitere Folge.

11. ...	Dd8—a5
12. Kc1—b1	Da5—b6
13. h2—h4!	

Der in diesem Falle unentbehrliche Bauer. Jetzt wird bald eine für diese Art von Stellungen charakteristische Kombination drohen: 14. Lf6: Lf6:, 15. Lh7:† Kh7:, 16. Sg5†, wonach 16. ... Lg5: die h-Linie für Weiß öffnen würde. Unmittelbar geht diese Wendung jedoch nicht, weil Weiß wegen der Mattdrohung auf b2 (nach 14. Lf6: Lf6:) einen Zug verlieren muß. Deshalb kann

man die Fortsetzung des weißen Angriffs am besten wie folgt schematisieren: 14. c3 zur Schließung der Diagonalen f6—b2 und danach 15. Lf6: Lf6:, 16. Lh7:† Kh7:, 17. Sg5† und 18. Dh5.

Schwarz, der so gut wie machtlos gegen diesen Plan ist, begeht nun einen Fehler, der die logische Entwicklung des Kampfes unterbricht.

13. ...   Lc8—d7?

In der Überzeugung, daß Weiß von der Gegenüberstellung Td1—Ld7 nicht profitieren kann, da 14. Lf6:

77

Lf6:, 15. Lh7:† Kh7:, 16. Td7: natürlich an 16. ... Db2: matt scheitert.

Weiß hat aber eine feinere Ausführung des gleichen Themas: 14. Lh7: +
Kh7:, 15. Td7:! Sd7:, 16. Le7:, und
nun kann Schwarz wegen 17. Dd3†
die Qualität nicht retten. Weiß behält deshalb einen Bauern mehr.

Dasselbe war auch in der Partie der
Fall, in der 14. ... Sh7:, 15. Le7:
Lb5, 16. c4 Tfe8, 17. Ld6 Lc6, 18.
Le5 mit Gewinn für Weiß folgte.

Einen Angriff ausschließlich mit
Figuren demonstriert die folgende Partie.

1. e2—e4 c7—c6, 2. d2—d4 d7—d5,
3. Sb1—c3 d5 × e4, 4. Sc3 × e4 Sg8
f6, 5. Se4—g3 e7—e6, 6. Sg1—f3
c6—c5, 7. Lf1—d3 Sb8—c6, 8. d4
× c5 Lf8 × c5, 9. a2—a3 o—o, 10.
o—o b7—b6, 11. b2—b4 Lc5—e7,
12. Lc1—b2 Dd8—c7 (Spielmann—
Hönlinger, Wien 1929).

80

Weiß am Zuge

Weiß steht bedeutend besser. Seine
beiden Läufer sind auf den schwarzen Königsflügel gerichtet, und
die Springer stehen bereit, in den
Kampf einzugreifen. Es folgte:

13. b4—b5!

78

Um das Feld e5 für den weißen
Springer zu erobern.

13. ...   Sc6—a5
14. Sf3—e5   Lc8—b7
15. Se5—g4!

Vollkommen logisch: Weiß will
die beste Verteidigungsfigur von
Schwarz unschädlich machen.

15. ...   Dc7—d8!

Die beste Verteidigung. Bei anderen Zügen muß Schwarz seine
Königsstellung schwächen:

1. 15. ... Sg4:, 16. Dg4: g6
2. 15. ... Sd5, 16. Sh6†!
3. 15. ... Df4, 16. Sf6:† Lf6:, 17.
   Sh5

16. Sg4—e3

„Retirer pour mieux sauter." Das
Schlagen auf f6 hätte nach 16. Sf6:†
Lf6:, 17. Dh5 g6 nichts eingebracht.
Mit dem Textzug behält Weiß sich
alle Möglichkeiten vor.

16. ...   Sf6—d5?

Sehr unvorsichtig. Freiwillig hätte
Schwarz diesen Springer der Verteidigung nicht entziehen sollen.

17. Dd1—h5!   g7—g6

Man beachte, daß 17. ... h6 an
18. Lg7:! Kg7:, 19. Sef5† usw.
scheitert.

18. Se3—g4!

Schwarz am Zuge

81

Eine bekannte Wendung: Schwarz darf die weiße Dame wegen Matt auf h6 nicht schlagen.

18. ...   Le7—f6

Nach 18. ... f6 schlägt das Opfer auf g6 durch, und bei 18. ... Sf6 gewinnt 19. De5! Kg7, 20. Sh5†! gh5:, 21. Dg5†.

19. Sg4×f6†   Sd5×f6
20. Dh5—h6

Stärker als 20. De5, worauf 20. ... Dd5 folgen würde. Nachdem Weiß die Schwächung g6 erzwungen und obendrein den schwarzfeldrigen Läufer des Gegners abgetauscht hat, ist der Gewinn nur noch eine Frage von einigen Zügen — sei es auch von einigen starken Zügen.

20. ...   Ta8—c8
21. Ta1—d1   Dd8—e7
22. Tf1—e1

Es handelt sich nun nur noch darum, die Figuren richtig in Aktion

zu bringen. Zunächst droht 23. Sf5! (gf5:, 24. Dg5† usw.).

82

Schwarz am Zuge

22. ...   Sf6—e8
23. Sg3—f5!   De7—c5

Oder 23. ... gf5:, 24. Lf5: usw.

24. Te1—e5   Lb7—d5
25. Sf5—e7†!

Schwarz gab auf, denn es folgt Matt in drei Zügen: 25. ... De7:, 26. Dh7:†! Kh7:, 27. Th5† Kg8, 28. Th8 matt.

Allgemeine Richtlinien für den Königsangriff mit Figuren sind schwer aufzustellen. Es wird sich immer darum handeln, die Figuren so wirkungsvoll wie möglich zu postieren und genau zu kombinieren. Weiter ist es wichtig, einige bekannte Wendungen zu beherrschen.

Für Stellung 80 gilt deshalb:

Urteil: Angriffsaussichten für Weiß, da dieser den meisten Raum zur Verfügung hat und außerdem eine große Anzahl guter Felder für seine leichten Figuren besitzt.

Plan: Die Figuren gut aufstellen und sorgfältig kombinieren.

Schwache Bauern

Nach 1. e4 e6, 2. d4 d5, 3. Sbd2 c5, 4. ed5: ed5:, 5. Lb5† Ld7, 6. De2† De7, 7. Ld7:† Sd7:, 8. dc5: De2:†, 9. Se2: Lc5:, 10. Sb3 Lb6, 11. Sbd4 Sgf6, 12. Lg5 o—o, 13. o—o—o

83

Schwarz am Zuge

beurteilt die Theorie die Stellung als günstig für Weiß, und dies wird niemand verwundern, denn die Wissenschaft, daß der isolierte Bauer eine Schwäche bedeutet, ist gegenwärtig Allgemeingut geworden. Weiß hat links und rechts je drei verbundene Bauern, Schwarz hingegen neben fünf aneinanderhängenden auch einen alleinstehenden auf d5. Kompensation in Form von Raumübergewicht? Kaum; höchstens kann man es als einen kleinen Lichtblick für Schwarz betrachten, daß er einen Springer nach e4 bringen kann. Vertreibt ihn Weiß mit f2—f3, so könnte dies vielleicht eine geringe Schwächung

der weißen Stellung bedeuten, doch ist diese „Eventual"-Betrachtung nur von untergeordneter Bedeutung.

Schwarz hat also einen schwachen Bauern auf d5, das steht fest. Aber man darf mit Weiß nun nicht erwarten, daß es nur eine Frage von Technik und Genauigkeit sein wird, um diesen Bauern erobern zu können. Ganz im Gegenteil: die Praxis lehrt, daß in neun von zehn Fällen der Bauer standhält. Also bedeutet bei Licht besehen der isolierte Bauer wohl doch nicht eine wesentliche Schwächung?

Diese Schlußfolgerung ist aber ebensowenig richtig: der Nachteil des isolierten Bauern besteht nicht so sehr in der Gefahr, den Bauern zu verlieren, als vielmehr in den Verpflichtungen, die er mit sich bringt, und der Aufmerksamkeit, die er erfordert. Die Figuren, die den Bauern verteidigen müssen, sind im allgemeinen nicht weniger zahlreich als die, welche ihn bedrohen. Aber während der Angreifer in einem beliebigen Augenblick umschwenken und seine Pläne auf ein anderes Objekt richten kann, ist der Verteidiger nicht frei in seinen Entschlüssen und muß sich in erster Linie nach der Haltung seines Gegners richten. Und wenn es daher meist auch glückt, den schwachen Bauern zu verteidigen, so ist es gewöhnlich doch nicht möglich, Nachteil auf anderen Fronten zu vermeiden.

Betrachten wir zunächst die Partie Kan—Bondarewsky (Tiflis 1937), der wir obenstehende Stellung (83) entnommen haben. Dort folgte weiter:

13. ...   Sf6—g4

Also nicht 13. ... Se4, was zu dem Textzug lediglich den Unterschied bedeutet, daß der schwarze Springer (der sich weder auf e4 noch auf g4 behaupten kann) auf einem anderen Wege zurück muß: über e5 anstatt über d6. Viel macht dies indessen nicht aus.

Der Textzug entspringt folgenden Erwägungen: der Bauer d5 ist schwer zu verteidigen, solange der schwarze Springer auf d7 steht. Dieser kann jedoch nicht sofort wegziehen, weil dann Lf6: zu einer häßlichen Verdoppelung führt. Es bleibt also offensichtlich nichts anderes übrig, als erst den Sf6 zu entfernen. Infolge seines schwachen Bauern handelt Schwarz also bereits unter einem leichten Zwang.

14. Lg5—h4   Lb6—d8

Schwarz benutzt die Gelegenheit, das Feld b6 für den Sd7 frei zu machen. Der Textzug geschieht mit Tempogewinn, da Weiß sich den Lh4 für die Verteidigung von f2 erhalten muß.

15. Lh4—g3   Ld8—f6
16. Sd4—f3!

Der Beginn einer Reihe von Zügen, mit denen Weiß seinen Gegner in eine weniger günstige Position zwingt. Nach dem Textzug greift der Td1 den Bd5 an, während der

Sf3 das Feld e5 bekämpft und so dem Sg4 dieses Rückzugsfeld nimmt.

16. ...   Sd7—b6
17. h2—h3   Sg4—h6
18. Se2—f4   Tf8—d8

Angriff und Verteidigung.

19. Td1—d3   Td8—d7

Eine charakteristische Episode im Kampf um den schwachen Bauern. Weiß bereitet die Verdoppelung der Türme vor und Schwarz ahmt dies gezwungenermaßen nach.

20. Th1—d1   Ta8—d8

84

Weiß am Zuge

Dreimal angegriffen, dreimal verteidigt. Weiß kann den Druck vorläufig nicht verstärken und muß darum etwas anderes ersinnen. Versucht er etwa 21. Sh5 Le7, 22. Se5 Td6 (22. ... Tc7 scheitert an 23. Sf7:!), 23. Sg4 Tc6 (um Lc7 zu verhindern), 24. Sf4 Lg5, so geht es nicht recht weiter. Auf diese Weise ist also kein Vorteil zu erzielen, und doch ist es für die angreifende Partei stets wichtig, diese und ähnliche Zugreihen sorgfältig durchzurechnen, sobald sie einen einigermaßen zwingenden Charakter haben. Dies ist immer dann der Fall, wenn beschützende Figuren angegriffen werden, wie hier der Td7 durch 22. Se5. Angesichts der belastenden Aufgabe, das Sorgenkind d5 zu verteidigen, ist Schwarz in der Wahl seiner Mittel sehr beschränkt.

21. Lg3—h2!

Sehr gut überlegt. Weiß droht nun mit seinem g-Bauern vorzurücken und neue Verwirrung in die feindlichen Reihen zu tragen; nicht so sehr wegen der Drohung g4—g5, die leicht zu parieren ist, als vielmehr mit der Bekämpfung des Feldes f5, die den Sh6 absolut kampfunfähig macht.

21. ...   g7—g6

Besser war zweifellos 21. ... Sf5, um den Springer in elfter Stunde aus seiner Einschließung zu befreien. Wohl hat dieser — wie das in russischer Sprache erschienene Turnierbuch bemerkt — nach 22. g4 Sh4, 23. Sh5 Le7, 24. Sd4 nicht viel Aussichten, aber in der Partie selbst geht der Springer einer noch viel dunkleren Zukunft entgegen.

22. g2—g4   Lf6—g7
23. Lh2—g3   f7—f6

Um den Springer über f7 wieder ins Spiel zu bringen, aber die nach dem Textzug entstehende neue Schwächung des Feldes e6 kann die schwarze Stellung schon nicht mehr vertragen.

Es war aber schwierig für Schwarz, einen besseren Zug zu finden: Sb6, Td7, Td8 sind gebunden; Sh6 ist unbeweglich und Lg7 praktisch auch. Es bleibt also nur ein Bauernzug oder ein Königszug. Aber 23. ... Kf8 scheitert unmittelbar an 24. Lh4 (24. ... f6?, 25. Se6†), und 23. ... d4 kostet nach 24. Se2

ebenfalls einen Bauern. Auch 23. ... Kh8 und 23. ... a6 sind nicht gerade erfreuliche Züge. Es ist daher zu begreifen, daß Schwarz etwas unternehmen will, und das ist ein wichtiger psychologischer Effekt der drückenden Verpflichtungen, die ein schwacher Bauer auferlegt.

24. Sf3—d4!

Schwarz am Zuge

85

Mit sehr deutlichen Absichten. Weiß will den verteidigenden Td8 mit 25. Sde6 vertreiben, wodurch Schwarz um eine Deckung von d5 zu kurz käme. Selbstredend hätte die direkte Besetzung von e6 mit dem anderen Springer (Sf4—e6) nicht den gleichen Effekt, da dann auch eine Bedrohung von d5 wegfiele.

24. ...   Sh6—f7

Schwarz glaubt in dem Ausfall Sf7—e5 eine aktive Verteidigung gefunden zu haben, aber die Folge ist enttäuschend, denn es geht ebenfalls ein Bauer verloren, nur ist es nicht der schwache Bruder auf d5.

Untersuchen wir, ob Schwarz noch auf die eine oder andere Weise dem Bauernverlust entgehen konnte.

82

1. 24. ... Tc8, 25. Sde6 und Bauer
d5 fällt (25. ... Tc6, dann erst
26. Sg7:).

2. 24. ... Te8, 25. Sde6,

a) 25. ... g5, 26. Sg7: gf4:, 27.
Se8: usw.

b) 25. ... Lh8 (sonst folgt wieder 26. Sg7: und 27. Sd5:) 26.
Sc5 Tc7, 27. Sb3 usw.

3. 24. ... f5, 25. Sde6 Te8, 26.
Sg7:,

a) 26. ... Kg7:, 27. Sd5: Sd5:,
28. Td5: Td5:, 29. Td5: fg4:,
30. Td7† usw.

b) 26. ... Tg7:, 27. gf5: Sf5:,
28. Sd5:.

4. 24. ... g5, 25. Sfe6,

a) 25. ... Te8, 26. Sc5 Tde7,
27. Sb5 a6, 28. Sc7 usw.

b) 25. ... Tc8, 26. Sb5 a6,
27. Sc3.

In allen Fällen erzielt Weiß offensichtlich Bauerngewinn bei ausgezeichneter Stellung: der schwache
Bauer ist nicht zu verteidigen.

25. Sd4—e6   Sf7—e5
26. Se6 × d8   Se5 × d3†
27. Sf4 × d3   Td7 × d8
28. Sd3—c5!

Bauer b7 muß fallen. Das ist
natürlich zufällig, aber der Streit
im offenen Feld hängt von solchen
Zufälligkeiten ab — und diese gehen
fast immer auf Kosten des Verteidigers, der stets mit großen
Schwierigkeiten zu kämpfen hat.

Kehren wir nun zur Stellung 83 zurück, dann wird klar, daß das Urteil lauten
muß: „Weiß steht besser, weil Schwarz einen isolierten Bauern hat."
Der **Plan für den Angreifer,** der sich aus diesem Urteil ergibt, besteht aus
folgenden Elementen:

1. Direkte Bedrohung des Bauern (18. Sf4), u. a. auch durch Verdoppelung
   der Türme.
2. Indirekter Angriff auf den schwachen Bauern durch Kampfhandlungen
   gegen die ihn verteidigenden Figuren (siehe u. a. 25. Se6 sowie mehrere
   in der Analyse angedeutete Möglichkeiten).
3. Sekundäre Unternehmungen außerhalb des Gebietes des schwachen
   Bauern, an welchen naturgemäß nur eine beschränkte Anzahl von Figuren teilnehmen, im vorliegenden Falle drei leichte Figuren von Weiß
   gegen zwei von Schwarz. Bemerkenswert ist dabei, daß der schwarze
   Sb6 nicht mitmacht, während der weiße Sf4 sowohl am Angriff auf d5
   wie an den sekundären Aktionen beteiligt ist.

Ein **Plan für den Verteidiger** ist schwierig zu entwerfen. Der Verteidiger
ist von der Haltung des Angreifers abhängig, und er kann daher im allgemeinen nichts anderes tun als geduldig abwarten, wenn der Angreifer ihn
in Ruhe läßt, und genau rechnen, wenn der Gegner aktiv wird. Diese erzwungene und aussichtslose Ruhe wirkt oft so deprimierend, daß der Verteidiger sich zu dieser oder jener gewalttätigen Aktion entschließt, die bei
korrektem Gegenspiel die Lage eher verschlechtert als verbessert.
Daß der Verteidiger natürlich immer nach reellen Möglichkeiten zu Gegenaktionen Ausschau halten muß, versteht sich wohl von selbst.

Zu Beginn dieses Abschnittes haben wir bereits bemerkt, daß der schwache isolierte Bauer wohl Sorgen bringt und Verpflichtungen auferlegt, aber keineswegs mehr oder minder zwangsläufig verlorengehen muß.
Betrachten wir dies an Hand eines einfachen Beispiels näher.

86

Weiß am Zuge

Der schwarze c-Bauer ist isoliert und schwach. Zwei weiße Türme greifen ihn an, aber zwei schwarze verteidigen ihn auch. Weiß kann den Druck auf keine Weise verstärken, so daß an direkte Eroberung des Bauern nicht zu denken ist. Wenn Weiß also noch auf Gewinn spielen will, muß er versuchen, auf indirekte Weise aus der gebundenen Stellung der schwarzen Türme Nutzen zu ziehen. Zum Beispiel wie folgt: Weiß bringt seinen h-Bauern nach h5, um so die schwarzen Bauern am Königsflügel festzulegen. Spielt Schwarz dann g7—g6, bekommt Weiß nach dem Tausch h5 × g6 f7 × g6 einen freien e-Bauern. Zieht er aber einmal f7—f6, so kann eventuell der weiße König nach f5 (und später durch Zugzwang über g6) vordringen. Geschieht zunächst weder das eine noch das andere, wird Weiß bemüht sein, Schwarz zu einem dieser Züge zu zwingen (etwa mit Angriff auf g7 durch Tg4 o. ä.). Das alles

ist freilich sehr unbestimmt, und Weiß wird mit diesem Plane kaum Erfolg haben, wenn Schwarz die gute Verteidigungsmethode findet, den König nach d6 zu bringen und damit einem seiner Türme die Handlungsfreiheit wiederzugeben.

Doch ergibt sich aus alledem wohl, daß der isolierte Bauer selbst in einem so vorgeschrittenen Partiestadium eine Schwäche bedeutet, die eine genaue Behandlung erfordert.

Versetzen wir in Stellung 86 den weißen Bauern von e3 nach b2, dann zeigt es sich, daß Weiß nun über eine neue Angriffsmethode verfügt, die den Kampf um den isolierten Bauern schnell zu seinen Gunsten entscheidet.

87

Weiß am Zuge

1. b2—b4!
und Schwarz kann die Drohung b4—b5, welche zur Eroberung von c6 führt, auf keine Weise parieren, da auch auf 1. . . . Tb7 oder 1. . . . Tb8, 2. b5 folgt.

Doch verfügt Schwarz hier über eine Fortsetzung, welche die Konsequenzen dieser Eroberung sofort wieder zunichte macht; aber das ist ein Zufall in der Stellung und kann in anderen Fällen wieder ganz verschieden sein. Nämlich:

1. ...   Kg8—f8!
2. b4—b5   Kf8—e7

und nun:

1. 3. b5 × c6 Ke7—d6, 4. Tc5—f5 f7—f6 und c6 muß fallen.
2. 3. Tc5 × c6 Tc7 × c6, 4. b5 × c6 Ke7—d6 usw. (oder 4. Tc6: Tc6:, 5. bc6: Kd6 usw.).
3. 3. b5—b6 Tc7—b7, 4. Tc5 × c6 Tc8 × c6, 5. Tc2 × c6 Ke7—d7! usw.

Es wäre nicht schwierig, am Königsflügel kleine Verbesserungen dergestalt anzubringen, daß der Gewinn für Weiß doch noch möglich wird; z. B. schwarzer Bauer auf g5 statt g7, oder Bauern auf f5—g6—h7 statt f7, g7, h6 usw.

Nehmen wir an, in Stellung 87 wäre Schwarz am Zuge, dann könnte er jeder Verlustgefahr mit

1. ...   Tc8—b8!

vorbeugen. Schwarz läßt seinen schwachen Bauern im Stich und greift dafür den feindlichen b-Bauern an. Nun geht der Vorstoß b2—b4 nicht mehr; Weiß verfügt auch über keine Mittel, ihn alsbald vorzubereiten. Außerdem läßt Schwarz in jedem Falle 2. ... Tc7—b7 folgen und erobert auf Kosten des eigenen c-Bauern den feindlichen b-Bauern. Die beste Verteidigung ist in solchen Lagen ja immer der *Gegenangriff*.

Versetzen wir nun in Diagramm 87 den weißen Turm von c2 nach c4, und nehmen wir an, Weiß zöge

1. b2—b4,

dann hat Schwarz einen merkwürdigen Ausweg:

1. ...   Tc8—b8!
2. b4—b5

Das Schlagen auf c6 würde nur zum Tausch führen.

2. ...   c6 × b5!
3. Tc5 × c7   b5 × c4

Remis. Zu beachten ist noch, daß 1. ... Tc7—b7? nicht den gleichen Zweck erfüllen würde, weil Weiß nach 2. b5 cb5: mit Schach auf c8 schlagen kann.

Fügen wir in Diagramm 87 einen weißen Bauern auf a2 und einen schwarzen auf a7 hinzu, dann wird die Situation anscheinend nicht wesentlich geändert.

88

Weiß am Zuge

Es folgt 1. b2—b4 und nach 1. ... a7—a6 kann Weiß mit 2. a2—a4 den Vorstoß b4—b5 durchsetzen und so den Bc6 erobern. Wenn wir uns aber erinnern, daß Schwarz in diesem Falle durch Heranbringen seines Königs Remis erreicht, dann liegt es nahe, für Weiß nach einer Verstärkung der gewählten An-

griffsmethode zu suchen, und diese
ist tatsächlich vorhanden:

1. b2—b4   a7—a6
2. Tc5—a5!   Tc8—a8
3. b4—b5!

mit Eroberung eines Bauern (3. . . .
c5, 4. ba6: c4, 5. Ta4 c3, 6. Ta3 mit
Abwicklung, wonach Weiß mit dem
a-Bauer als Mehrbauer Sieger
bleibt).

Spielt Schwarz anders, etwa 1. . . .
Kf8 (statt a6), dann folgt 2. b5
Ke7, 3. bc6: Kd6, 4. Ta5, und Weiß
kann durch Gegenangriff auf a7
seinen Mehrbauern auf c6 behaupten. Der Gewinn ist dann
noch ein Problem, aber das ist durch
Geduld und Genauigkeit zu lösen.
Wodurch entstehen nun diese zu-
sätzlichen Chancen für Weiß? Sie
sind eine Folge der hinzugefügten
a-Bauern, wobei der schwarze a-
Bauer eine *zweite Schwäche* bedeutet.
Weiß ist dadurch in der Lage, seine
größere Beweglichkeit als Angreifer
in die Waagschale zu werfen.

Noch deutlicher ergibt sich dies
aus dem folgenden Beispiel.

89

Weiß am Zuge

Schwarz hat zwei schwache Bauern,
und dies wird bald fatal:

1. Td4—a4   Td8—a8
2. Td5—a5   Td7—a7
3. b3—b4

und Schwarz ist hilflos gegen die
Drohung 4. b4—b5.

Weiß verfügt aber obendrein noch
über eine andere Methode:

1. Td4—b4   Kg8—f8
2. Tb4—b6

und Schwarz kann a6 und d6 nicht
gleichzeitig verteidigen.

Stünde der schwarze König in der
Ausgangsstellung auf f8, dann wäre
die letztere Methode wegen der
Deckung Ke7 wirkungslos, so daß
Weiß zur ersten zurückkehren
müßte.

Befände sich der schwarze Turm
auf c6 (statt d8), dann würde weder
die erste noch die zweite Angriffs-
art zum Ziele führen. Der schwarze
Turm c6 deckt beide Schwächen
a6 und d6 zugleich, so daß die
schnelleren Plazierungsmöglichkeiten, die in der Regel für den
Angreifer aus der Belagerung einer
Schwäche entstehen, hier nicht von
Belang sind. Daraus ergibt sich ein
wichtiger Grundsatz für den Verteidiger: die Figuren möglichst so
aufzustellen, daß sie *mehr als eine
Schwäche zugleich beschützen.*

Betrachten wir nacheinander die
Diagramme 83, 84, 85, 86, 87,
88 und 89, dann sehen wir, daß
der schwache Bauer, um den sich
alles dreht, auf seinem Felde festgelegt ist; einmal durch wirksame
Bekämpfung des Feldes vor dem
Bauer, das andere Mal durch
Besetzung dieses Feldes. Das letztere nennt man *blockieren*, und das
besetzte Feld heißt das *Blockadefeld.*

Es ist viel leichter, einen sitzenden als einen fliegenden Vogel zu schießen, und darum ist es auch wichtig, die feindliche Schwäche — das Angriffsobjekt — erst festzulegen, bevor man zu direkten Aktionen übergeht.

Die bisherigen Beispiele zeigten nur isolierte Bauern, die schwach waren. Auch verbundene Bauern jedoch können schwach sein, wie sich aus dem hier folgenden Schema—Diagramm ergibt.

90

Der Bauer a6 ist zwar isoliert, im allgemeinen aber weniger anfällig als der auf g6, der dem Namen nach „verbunden" ist. Wir bezeichnen ihn als *zurückgeblieben* (rückständig); er findet keine Stütze im Bh5, es sei denn, man könnte ihn nach g4 vorbringen. Der rückständige Bauer hat übrigens alle Kennzeichen des isolierten Bauern, wobei wir noch feststellen wollen, daß in der Regel nur dann von einem rückständigen Bauern ge-

sprochen wird, wenn dieser — wie hier — auf einer offenen Linie steht. Und gerade unter solchen Umständen ist auch der isolierte Bauer am schwächsten, weil er dann am leichtesten anzugreifen ist. Darum wird denn auch in Diagramm 90 der isolierte a-Bauer von Schwarz nicht so viele Sorgen bereiten.

Die Bauern c5—d5 sind zwar verbunden, können jedoch einander nicht decken, wenn der Gegner ihr Vorgehen verhindert; das heißt also, die Felder c4 und d4 unter Druck hält. In diesem Falle sind also eigentlich beide Bauern Angriffen bloßgestellt; sie werden *hängende Bauern* genannt und bedeuten unter bestimmten Umständen, die wir noch näher erläutern werden, tatsächlich eine Schwäche.

Wie steht es nun mit den weißen Bauern? Der Bh4 ist isoliert, befindet sich aber nicht auf einer offenen Linie. Die Bauern a2—b3 sind verbunden, f2—e3 ebenfalls, aber es ist doch ein Unterschied zwischen diesen beiden Formationen. Der Bf2 steht auf einer offenen Linie und kann angegriffen werden. Entzieht er sich dem Angriff durch Vorgehen (f2—f3, f2—f4), dann ist e3 ungedeckt und wäre — ebenfalls auf einer offenen Linie — einem rückständigen Bauern gleichzusetzen.

Es folgt nun eine kurze Besprechung einiger Beispiele aus der Praxis, in denen schwache Bauern vorkommen. Das Hauptziel dieser Betrachtung ist, die behandelten Regeln zu befestigen und auf die verschiedenen Umstände hinzuweisen, unter denen Schwächen auftreten können.

1. d2—d4 d7—d5, 2. c2—c4 e7—e6,
3. Sb1—c3 Sg8—f6, 4. Lc1—g5
Lf8—e7, 5. e2—e3 o—o, 6. Sg1—f3
b7—b6, 7. c4×d5 e6×d5, 8. Lf1—
b5 c7—c5, 9. d4×c5 b6×c5, 10.
o—o Lc8—b7 (Euwe-Tylor, Nottingham 1936).

91

Weiß am Zuge

Die hängenden Bauern c5—d5 bedeuten hier eine Schwäche, weil
Weiß einen Entwicklungsvorsprung
hat und diese Bauern angreifen
kann, bevor Schwarz seinen Aufbau beendet hat.

    11. Ta1—c1   Dd8—b6
    12. Dd1—e2   a7—a6
Es drohte 13. Lf6: Lf6:, 14. Sa4
mit Bauerngewinn. Der Sb8 von
Schwarz kommt nicht zur Entwicklung.

    13. Lb5—a4   Tf8—d8
    14. Tf1—d1   Db6—e6
Ein wichtiger Moment. Es ist
klar, daß 14.... Sc6 wegen 15.
Lf6: Lf6:, 16. Sd5: nicht anging;
aber warum spielt Schwarz nicht
14.... Sd7? Die Antwort lautet:
weil Weiß 15. Lb3 folgen läßt,
damit 15.... c4 erzwingt und so
den Bauern auf d5 von einem
hängenden zu einem *rückständigen*
degradiert. Diese letztere Schwäche

ist, wie sich bereits aus der Formulierung ergibt, ernster; Bd5 ist
vollkommen unbeweglich, das Feld
d4 befindet sich in Händen von
Weiß, und der Lb7 ist kaltgestellt.

    15. La4—b3   Sf6—e4?
Schwarz fühlt sich unter Druck
und hofft durch eine Kombination
in ein besseres Fahrwasser zu
geraten — psychologisch gut erklärlich und ein Begleitumstand des
Nachteils der schwachen Bauern.
Nolens volens mußte 15.... c4
geschehen, wonach Weiß mit der
Belagerung von d5 beginnen kann.

    16. Sc3×e4   De6×e4
    17. Tc1×c5!
und Weiß hat bei fester Stellung
einen Bauern gewonnen (17.... f6,
18. Tc7).

———

1. d2—d4 d7—d5, 2. c2—c4 e7—e6,
3. Sb1—c3 Sg8—f6, 4. Lc1—g5
Lf8—e7, 5. Sg1—f3 b7—b6, 6.
e2—e3 Lc8—b7, 7. Ta1—c1 c7—c5,
8. d4×c5 b6×c5, 9. c4×d5 e6×d5,
10. Lf1—b5† Sb8—d7, 11. o—o
o—o (Zukertort—Taubenhaus.
Frankfurt 1887).

92

Weiß am Zuge

Eine ähnliche Stellung wie die
vorige. Weiß hat seinem Gegner

das hängende Bauernzentrum unter für Weiß günstigen Umständen zugefügt; die weißen Figuren stehen zum Angriff auf die schwachen Bauern bereit.

12. Lb5 × d7

Dieser vielleicht etwas fremd anmutende Tausch hat den Zweck, Se5 mit Tempogewinn spielen zu können, wonach der Angriff schneller vonstatten geht.

12. ...   Dd8 × d7
13. Sf3—e5   Dd7—f5
14. f2—f4

Wohl wird hierdurch e3 schwach, aber Schwarz ist zu sehr in Atem gehalten, als daß er daraus Nutzen ziehen könnte.

14. ...   Tf8—d8
15. g2—g4!   Df5—e6
16. f4—f5!

Vortrefflich. Schwarz kann nun wegen 17. Lf4 mit Damengewinn nicht auf e5 schlagen.

16. ...   De6—c8

Erwägung verdiente 16... Da6. Auf c8 steht die Dame in der Schußlinie des Tc1.

17. Sc3—a4   Dc8—c7
18. Lg5—f4   Le7—d6
19. Sa4 × c5!

Die Abwicklung, nach welcher die zwei hängenden Bauern zu einem isolierten werden.

19. ...   Ld6 × c5
20. Se5—d3   Lc5 × e3†
21. Lf4 × e3   Dc7—d7

(s. Diagramm 93).

Eine neue Phase. Der schwarze d-Bauer kann leicht verteidigt werden, aber hier zeigt sich der Nachteil des isolierten Bauern in einem anderen Licht: Weiß ist nämlich Beherrscher des Feldes d4, des Blok-

Weiß am Zuge

93

kadefeldes vor dem Bauern. Wir nennen Feld d4 ein *starkes Feld* für Weiß. Es ist klar, daß dies eine Folge des isolierten schwarzen Bauern auf d5 ist — ohne d5 kein starkes Feld für Weiß auf d4. Hierüber sprechen wir noch eingehender in dem folgenden Abschnitt. Es geschah weiter:

22. Sd3—c5 Dd7—e7, 23. Le3—g5 Lb7—c6, 24. Dd1—d4 (von diesem starken Feld aus beherrscht Weiß das ganze Brett!) 24. ... Td8—e8 25. Sc5—d3 Ta8—c8, 26. Tf1—e1 De7—d6, 27. Lg5 × f6 (Bemerkenswert ist, daß Weiß hier nicht 27. Da7: spielt, weil nach 27. ... d4 der Lc6 wieder zu neuem Leben erwacht. Der isolierte Bauer ist zwar geblieben — nur von d5 nach d4 gerückt —, aber das starke Feld d4 ist verschwunden und Lc6 nicht mehr eingeschlossen. Das wäre für Schwarz gut und gern einen Bauern wert.)

27. ... Te8 × e1†, 28. Tc1 × e1 g7 × f6, 29. Sd3—f4 Tc8—b8, 30. a2—a3 Tb8—e8, 31. Te1 × e8† Lc6 × e8, 32. Sf4—h5! und Weiß gewann.

75 Jahre früher konnten sie es also bereits auch schon!

1. e2—e4 e7—e6, 2. d2—d4 d7—d5, 3. Sb1—d2 Sg8—f6, 4. e4—e5 Sf6—d7, 5. Lf1—d3 c7—c5, 6. c2—c3 b7—b6, 7. Sg1—e2 Lc8—a6, 8. Ld3×a6 Sb8×a6, 9. o—o Lf8—e7, 10. Se2—g3 o—o, 11. Dd1—g4 f7—f5, 12. e5×f6 e. p. Tf8×f6

(Kotov—Keres, Meisterschaft UdSSR 1948)

(nach 12. ... Tf6:)

94

Weiß am Zuge

Der schwarze e-Bauer ist rückständig geblieben, und es handelt sich für Weiß nicht nur darum, diesen Bauern anzugreifen, sondern auch, zu verhindern, daß Schwarz seine Schwäche durch gelegentliches e6—e5 auflöst.

13. Sg3—h5   Tf6—g6
14. Dg4—e2   Sa6—c7

Angriff und Deckung des schwachen Bauern.

15. Sd2—f3

Weiß bekämpft das Feld vor dem e-Bauern, das Blockadefeld.

15. ...   Le7—d6

Die Besetzung des Blockadefeldes würde nun nichts ergeben: nach 16. Se5 Le5:, 17. de5: ist die e-Linie geschlossen; das heißt, die Schwäche e6 hat sich wesentlich verringert, ja, praktisch ist sie sogar ganz verschwunden. Wir sagen kurz und bündig: die Schwäche ist *plombiert*.

16. g2—g3   e6—e5?

Schwarz bringt ein Bauernopfer, um sich von dem Druck der Belagerung zu befreien (psychologischer Effekt!).

17. Sf3×e5

Stärker war 17. de5: Te6, 18. Sf4 Te8, 19. Sd5:! mit Behauptung des Mehrbauern.

17. ...   Ld6×e5
18. d4×e5   Tg6—e6

Nun gewinnt Schwarz den Bauern wieder zurück.

19. De2—g4   g7—g6
20. Sh5—f6†   Sd7×f6
21. e5×f6   Dd8×f6
22. Lc1—f4

95

Schwarz am Zuge

Eine neue Situation ist entstanden. Jetzt ist Bd5 schwach, zumindest solange Schwarz nicht zu d5—d4 kommt.

Es folgte:

22. ... Sc7—e8, 23. Ta1—d1 Df6—f7, 24. Dg4—f3 (24. Td5:? Sf6) 24. ... Se8—f6, 25. c3—c4! mit Eroberung des schwachen Bauern.

90

1. d2—d4 d7—d5, 2. c2—c4 e7—e6,
3. Sb1—c3 Sg8—f6, 4. Lc1—g5 Lf8
—e7, 5. e2—e3 o—o, 6. Sg1—f3
Sb8—d7, 7. Dd1—c2 c7—c5, 8. c4
×d5 Sf6×d5, 9. Lg5×e7 Dd8
×e7, 10. Sc3×d5 e6×d5, 11. Lf1
—d3 g7—g6, 12. d4×c5 Sd7×c5,
13. o—o Lc8—g4, 14. Sf3—d4 Ta8
—c8 (Flohr—Vidmar, Nottingham
1936).

96

Weiß am Zuge

Wohl hat Weiß seinem Gegner einen isolierten Bauern verschafft; er
ist aber nicht in der Lage, ihn in
absehbarer Zeit zu bedrohen. Es
folgt deshalb zunächst ein lang-
wieriges Manöver mit dem Ziel,
soviele Figuren als möglich vom
Brett zu entfernen und so die Realisierung des weißen Vorteils zu erleichtern. Dabei achtet Weiß sorg-
sam darauf, daß das Blockadefeld
d4 fest in seiner Hand bleibt, so daß
Schwarz weder seine Schwäche auf-
lösen (mit d5—d4) noch sie plombieren kann (durch Tausch auf d4,
ohne daß Weiß mit einer Figur wie-
derzunehmen vermag).

15. Dc2—d2   a7—a6
16. Ld3—c2   De7—g5
17. f2—f3
Schwarz hat den Gegner zwar zur

Schwächung des Feldes e3 gezwungen, doch spielt diese keine
große Rolle, da der weiße e-Bauer
dicht an der weißen Basis steht und
deshalb leicht verteidigt werden
kann.

17. . . .   Lg4—d7
18. Tf1—e1   Tf8—d8
19. Ta1—d1   Dg5—f6
20. Lc2—b3   Ld7—a4
21. Lb3×a4   Sc5×a4
22. Td1—c1   Sa4—c5
23. Te1—d1   Df6—b6
24. Sd4—e2   Sc5—d7
25. Dd2—d4!
Weiß macht deutliche Fortschritte.
25. . . .   Db6×d4
26. Se2×d4   Sd7—e5
27. b2—b3   Kg8—f8
28. Kg1—f1   Tc8×c1
29. Td1×c1   Se5—c6?
Die Pointe der schwarzen Verteidigung, welche aber verkehrt ausgeht.
30. Sd4×c6   Td8—c8
31. Tc1—c5!   b7×c6
Oder 31. . . . Tc6:, 32. Td5: Tc1†,
33. Ke2 Tc2†, 34. Td2.

97

Weiß am Zuge

Was hat Schwarz nun erreicht? Daß
sein d-Bauer nicht mehr isoliert ist,
gewiß; aber statt dessen ist sein
c-Bauer zurückgeblieben und der

a-Bauer schwach und verwundbar geworden. Außerdem verfügt Weiß über die starken Felder d4 und c5 für seinen König. Der Gewinn ist nur noch eine Frage der Zeit.

32.	Kf1—e2	Kf8—e7
33.	Ke2—d3	Ke7—d6
34.	Tc5—a5	Tc8—a8
35.	Kd3—d4	f7—f5
36.	b3—b4	Ta8—b8
37.	a2—a3	Tb8—a8

Nach 37. ... Tb6, 38. f4 kommt Schwarz bald in Zugzwang, und das bedeutet, daß er dem weißen König die Felder e5 und c5 preisgeben muß.

38.	e3—e4	f5 × e4
39.	f3 × e4	d5 × e4
40.	Kd4 × e4	Ta8—a7
41.	Ke4—f4	

Weiß richtet sein Augenmerk auf den schwarzen Königsflügel, um erst dort einige Schwächen zu erzwingen, bevor er die entscheidende Aktion startet. Turm und König von Schwarz stehen vollkommen gebunden.

41.	...	h7—h6
42.	h2—h4	Kd6—e6
43.	Kf4—g4	Ta7—a8
44.	h4—h5	g6—g5
45.	g2—g3	Ta8—a7
46.	Kg4—f3	Ta7—a8
47.	Kf3—e4	Ta8—a7
48.	Ta5—e5†!	

Die Schlußphase beginnt; der weiße Turm dringt über e8 ein und stellt zunächst den schwarzen König vor die Wahl: Damenflügel oder Königsflügel.

48.	...	Ke6—d6

Nach 48. ... Kf6, 49. Te8 fällt c6 oder a6, und nach 48. ... Kd7, 49. Kf5 gewinnt der weiße König weiter Raum.

49.	Te5—e8	c6—c5
50.	Te8—d8†	

mit Entscheidung, denn 50. ... Kc7 wird mit 51. Th8 und 50. ... Kc6 mit 51. Tc8† beantwortet.

Ist ein isolierter Bauer obendrein ein Doppelbauer, dann wird dadurch die Schwäche noch betont; ebenso, wenn es sich um einen rückständigen Bauern handelt, der zugleich ein Doppelbauer ist. Der rückständige Doppelbauer leistet nichts zur Deckung seiner Kollegen und steht außerdem den Schutzfiguren im Wege. Die gegebenen Regeln und Winke gelten deshalb auch — und meist noch in verstärktem Maße — für die Doppelbauern, die zu einer der behandelten schwachen Bauernformationen gehören. Anders steht es mit den verbundenen Doppelbauern (z. B. f2, g2, g3), die unter Umständen auch wohl eine Schwäche bedeuten können, aber eine solche ganz anderer Art als die hier behandelten. Diese Doppelbauern fallen denn auch aus dem Rahmen dieses Abschnittes.

Zum Schluß geben wir eine Zusammenfassung, die im Hinblick auf das Urteil über die verschiedenen Formen der schwachen Bauern in zwei Teile zerfällt.

A. Isolierte und rückständige Bauern

Urteil: schwächer, wenn sie auf einer *offenen Linie* stehen und *unbeweglich* sind. Außerdem progressive Zunahme der Schwächen, wenn es *mehrere* sind.

B. Hängende Bauern

Urteil: Diese sind im Mittelspiel nur schwach, wenn

1. der Angreifer einen Entwicklungsvorsprung hat,
2. die meisten leichten Figuren getauscht sind.

Im Endspiel bedeuten die hängenden Bauern jedoch immer eine Schwäche.

Plan: (gilt sowohl für A als für B).

Angriff auf die *Bauern selbst* (typische Formen: Turmverdoppelung, Vorrücken eines benachbarten Bauern — siehe Diagramme 87 und 88) und auf das *Feld vor dem Bauern*, das *Blockade-Feld* (dieses letztere nur bei isolierten und rückständigen Bauern). Eine Figur, die dieses Feld besetzt, steht in der Regel sehr aktiv (siehe Abschnitt VIII).

Man vermeide den Tausch auf diesem Feld, wenn man mit einem Bauern wiedernehmen muß; denn dies würde die Schwäche plombieren.

Man beunruhige die *beschützenden Figuren*.

Figurentausch kommt im allgemeinen dem Angreifer zugute.

Falls der direkte Angriff keinen Erfolg hat, muß der Angreifer sich seine schnelleren Plazierungsmöglichkeiten zunutze machen; vor allem dann, wenn *mehrere Schwächen* im Spiel sind.

Der *Verteidiger* muß sich in erster Linie gegen den psychologischen Druck wappnen, der von dem Angriff ausgeht.

Ein besonderer Wink besteht noch darin, daß es ökonomisch ist, mehrere Schwächen mit einer Figur zu decken.

Starke Felder

Das Merkmal, das jetzt an die Reihe kommt, ist sicher ebenso wichtig wie die bisher behandelten Themen, aber es unterscheidet sich von diesen doch dadurch, daß es weniger offensichtlich ist, minder allgemein scheint und meist nur in Verbindung mit anderen Kennzeichen auftritt. Als Folge davon werden Gewinn oder Verlust leicht Nebenumständen zugeschrieben. Deshalb wollen wir dieses Merkmal zunächst an Hand eines Beispiels erläutern, damit kein Zweifel über die Frage besteht, welches Motiv eigentlich den Ausschlag gegeben hat.

98

Weiß am Zuge

In dieser Stellung sagen wir, daß e4 ein *starkes Feld* ist. Weiß hat auf seinem starken Feld einen Springer postiert. Bereits im vorhergehenden Abschnitt haben wir über starke Felder gesprochen (Diagramme 93 und 96). Wir verstehen darunter Felder, die folgende Voraussetzungen erfüllen:

1. Das Feld muß sich außerhalb des Bereiches der feindlichen Bauern befinden.
2. Es muß in der Nähe der feindlichen Stellung liegen.
3. Man muß in der Lage sein, im Hinblick auf das in Frage stehende Feld ein sicheres Übergewicht zur Geltung bringen zu können, das früher oder später zur wirkungsvollen Besetzung des Feldes führt.

Schach ist keine Mathematik. Es kann also sein, daß alle drei Voraussetzungen gegeben sind und das starke Feld trotzdem keine Bedeutung hat; sowie ur..gekehrt, daß man mit einem starken Feld, das zwei Voraussetzungen erfüllt und die dritte nur zum Teil, doch noch allerlei auszurichten vermag. Der wechselnde Kurs eines starken Feldes macht die Beurteilung sehr schwierig, aber lassen wir diese Frage zunächst ruhen und versuchen wir statt dessen, an Hand des oben gegebenen Beispiels einen Eindruck von dem starken Feld und seinen Konsequenzen zu bekommen.

Weiß hat das starke Feld mit einem Springer besetzt und dieser bekämpft verschiedene wichtige Punkte in der feindlichen Stellung, nämlich c5, d6, f6 und g5. Dies ist zweifellos von Bedeutung, aber noch mehr fällt ins Gewicht, daß er von Schwarz nicht vertrieben werden kann. Der Springer steht vollkommen außerhalb des Bereichs der schwarzen Figuren; kein schwarzer Läufer kann ihn angreifen, kein Springer in absehbarer Zeit zum Tausch zwingen. Er ist mit einem Geschütz auf einem Hügel zu vergleichen, das den Feind beschießen kann, ohne selbst Gefahr zu laufen.

Mit unserem **Urteil** sind wir also rasch fertig: Weiß hat ein großes Plus durch den Besitz eines stark stehenden Springers.

Nun der **Plan**; und gerade dieser kommt bei dem hier behandelten Thema der starken Felder gut zu seinem Recht. Es ist doch gewiß leichter, einen Plan zu fassen, wenn man die Gewißheit hat, daß die Elemente des Planes festen Bestand haben. Je nun: der weiße Springer wird in einem Zuge oder in fünf Zügen noch immer auf e4 stehen (Schwarz kann ihn jedenfalls nicht vertreiben), und deshalb braucht der Faktor Zeit bei dem Entwerfen eines Planes hier nicht so stark berücksichtigt zu werden wie in anderen Fällen.

Lassen wir nun erst die Tatsachen sprechen; betrachten wir den Verlauf der Partie, um daraus hinterher den Plan abzuleiten.

1. c3—c4

Deckt den Freibauern d5 und legt den schwarzen c-Bauern fest, so daß dieser sich einem eventuellen Angriff nicht durch Vorgehen entziehen kann.

1. ... Ta8—f8
2. Lc1—e3

Gegen Bc5 gerichtet.

2. ... h7—h6
3. Tb1—b5

Mit Angriff auf Bc5.

3. ... Tf8—c8
4. De2—g4

Droht nicht allein 4. Df5:, sondern auch 4. Lh6:.

4. ... Tf5—f8

Auf den anderen Turmzug 4. ... Tf7? entscheidet 5. Tb6: usw. Damenzüge kommen nicht in Betracht, da der Ld6 gedeckt bleiben muß.

5. Le3 × h6 Sb6 × c4

Schwarz kann sich noch einen Zug behaupten: die Dame deckt g7 und der Springer Ld6.

6. Tf1—c1!

Ein typischer Fall von Überbelastung. Wenn der Sc4 weicht, hat die Dame zwei Funktionen, die sie nicht zu gleicher Zeit erfüllen kann: den Ld6 zu schützen und das Matt auf g7 zu decken. Auf 6. ... Sb6 folgt also 7. Sd6: usw.

6. ... a7—a6
7. Tb5—b3

7. Tbb1 gewinnt auch, aber der Textzug entscheidet schneller.

7. ... b7—b5
8. Tb3—g3 Tc8—c7
9. Lh6 × g7

und gewinnt (9. ... Dg7:, 10. De6†).

Eine hübsche Angriffsprobe, aber was hat das alles nun eigentlich mit dem starken Springer auf e4 zu tun?

Diese Frage ist nicht so einfach zu beantworten. In erster Linie hat der Se4 durch das Bekämpfen der Felder f6 und g5 die Verteidigung außerordentlich behindert, in zweiter Linie durch seinen Angriff auf den Ld6 die schwarze Dame in ihrer Tätigkeit stark eingeschränkt; drittens wirkte der Springer an der Bedrohung von c5 mit, wodurch einige schwarze Figuren an ihre Plätze gebunden wurden; und schließlich deckte er das Feld f2, was jede Gegenaktion von Schwarz auf der f-Linie ausschaltete.

Es geht hier wirklich nicht darum, dem weißen Springer alles nur mögliche Lob zu spenden (so wie man dies bei Jubiläen und ähnlichen Gelegenheiten zu tun pflegt), sondern um eine objektive Beurteilung der gebotenen Leistungen, die für den stillstehenden Springer tatsächlich nicht gering sind.

Wenn man den Partieverlauf von diesem Gesichtspunkt aus betrachtet, kommt einiger Zusammenhang in die weißen Züge; aber andererseits wird auch klar, daß Schwarz die Sachlage nicht verstanden und mit Hin- und Herziehen (Ta8—f8—c8; Tf5—f8) kostbare Zeit verloren hat.

Doch jetzt zum **Plan.** Wie kann man von der starken Stellung eines Springers profitieren? Nun, man unternehme eine Aktion, bei der der starkstehende Springer beteiligt ist, und halte eine oder mehr andere Möglichkeiten im Auge, auf die der Angreifer leichter umschalten kann als der Verteidiger.

Weiß hat nach diesem Schema gehandelt, indem er erst mit drei Figuren (Tb5, Le3 und Se4) den Bc5 bedrohte und später mit Dg4, Lh6: und Tb5—b3—g3 die schwarze Königsstellung angriff. Bei der letzteren Unternehmung erfüllte Se4 eine indirekte, aber nichtsdestoweniger äußerst wichtige Rolle: ohne ihn wäre doch u. a. das Feld f6 für die Verteidigung frei gewesen, würde De7 nicht an die Deckung von d6 gebunden sein, und so fort. Bemerkenswert ist, daß die Umgruppierung von Le3 und Tb5 mit Tempogewinn geschah, wodurch die Verteidigung sich nicht ebenfalls neu organisieren konnte; und ferner vor allem, daß der Se4 überhaupt nicht umzuschalten brauchte: er stand nach beiden Flügeln zugleich bereit!

Schwarz hat in der Verteidigung fehlgegriffen; er konnte wenigstens einen Versuch unternehmen, seinen Sb6 nach d6 zu bringen (Sc8, b6, Le7 und Sd6), um so dem Se4 seine starke Position streitig zu machen.

Kehren wir zu dem Ausgangsdiagramm zurück, bei dem die drei Voraussetzungen für das starke Feld festgelegt wurden. Der weiße Springer steht außerhalb des Bereiches der schwarzen Bauern (Punkt 1; er ist im Augenblick sogar für alle schwarzen Figuren unerreichbar). Weiter liegt das Feld in der Nähe der schwarzen Stellung (Punkt 2), und schließlich macht Weiß auch ein klares Übergewicht an Kräften auf dem Felde e4 geltend (Punkt 3). Dieses gründet sich auf mehrere Faktoren (u. a. Abwesenheit des weißfeldrigen schwarzen Läufers), aber vor allem auch auf die für Schwarz durch seinen eigenen Bauern e5 geschlossene e-Linie. Dieser Bauer ist an allem schuld. Ohne ihn wäre es Schwarz vielleicht möglich, den weißen Springer zu vertreiben; jedenfalls hätte dieser seinen Posten lange nicht so sicher gehabt und Weiß müsste ihn direkt und indirekt verteidigen. Aber der Bauer e5 ist nun einmal da und deshalb ist e4 ein starkes Feld für Weiß, und umgekehrt ein schwaches für Schwarz. Man kann im allgemeinen feststellen, daß das Feld vor dem isolierten Bauern ein starker Punkt für die Gegenpartei ist oder werden kann (siehe Abschnitt VII, Diagramme 93 und 96), aber das ist nur eine der Normen des starken Feldes. Befände sich zum Beispiel auf d6 kein Läufer, sondern ein Bauer, dann wäre e5 zwar nicht mehr isoliert, e4 aber trotzdem ein starkes Feld für Weiß. Und so findet das starke Feld in allen Arten von Bauernformationen seinen Platz. Ein einziger Blick auf die hier folgenden Diagramme läßt erkennen, wieviel Variationen in dieser Hinsicht bestehen.

Starkes Feld — schwaches Feld: sind diese Begriffe wechselseitig, das heißt, stark für die eine Partei und schwach für die andere? Man kann es wohl so formulieren, aber der Schach-Sprachgebrauch macht doch einen Unterschied zwischen beiden. Wenn wir von einem schwachen Feld sprechen, dann meinen wir damit gewöhnlich ein Feld, das vielleicht einmal für die Gegenpartei stark werden kann: also zukünftige Zeit. Ist hingegen von einem starken Feld die Rede, so ist das in der Regel eine Tatsache, mithin Gegenwart.

Über die drei Voraussetzungen, an die ein starkes Feld gebunden ist, wäre noch manches zu erzählen und viel zu theoretisieren; doch lassen Sie uns dies lieber an Hand der Beispiele tun. Hier wollen wir nur noch ausdrücklich feststellen, daß ein starkes Feld nichts bedeutet, wenn wir es nicht mit einer geeigneten Figur wirkungsvoll besetzen können.

Von dem nächsten Beispiel geben wir nun wieder die Züge, ausgehend von der Anfangsposition, weil diese uns einen vortrefflichen Einblick in die Art verschaffen, in der unsere Merkmale (hier das starke Feld) entstehen.

Die Stellung nach 1. e2—e4 e7—e6, 2. d2—d4 d7—d5, 3. Sb1—d2 c7—c5, 4. e4×d5 e6×d5, 5. Lf1——b5† Sb8—c6, 6. Sg1—f3 Lf8—d6, 7. o—o Sg8—e7, 8. d4×c5 Ld6 ×c5, 9. Sd2—b3 Lc5—b6, 10. Lc1—e3 Lb6×e3, 11. Lb5×c6† b7×c6, 12. f2×e3 o—o (Botwinnik—Boleslawsky, Moskau 1941) (s. Diagramm 99).

beurteilt Botwinnik selbst und mit ihm verschiedene andere Theoretiker als günstiger für Weiß.

Weiß am Zuge

99

Die Situation und vor allem die Züge, die sie herbeigeführt haben, sind sehr bemerkenswert. Die sonderbare Läuferopposition von Weiß (10. Le3), die ohne jede Not einen isolierten Bauern in Kauf nahm, und vor allem sein tiefsinniger Tausch im 11. Zuge zeugen von einem außergewöhnlichen Verständnis der Chancen, welche die obige Stellung bietet.

Weiß hat die Möglichkeit, zwei starke Felder zu bekommen, d4 und c5 — das nächstfolgende Diagramm (100) nach 19. b2—b4! spricht eine deutliche Sprache. Eine oberflächliche Untersuchung lehrt schon, daß Schwarz c5 auf direkte Art nicht mehr genügend verteidigen kann; nur seine Dame könnte dieses Feld schnell erreichen. Der Se7 würde vier Züge brauchen und der Lc8 ist von verkehrter Farbe. Demgegenüber hat Weiß die Dame und den Sb3 unmittelbar zur Verfügung. Das Feld c5 fällt also mit großer Sicherheit in die Hände von Weiß, und danach kommt d4 von selbst, denn beide Felder bilden ein Ganzes. Erlangt zum Beispiel Schwarz die Oberhand über c5, dann kann er im geeigneten Augenblick c6—c5 spielen und so auch d4 beherrschen.

13. Dd1—d2   Dd8—b6
14. Dd2—c3

Alles ganz klar: beide Parteien zielen nach c5.

14. ...   Ta8—b8

Indirekte Verteidigung von c5, da Weiß bei sofortiger Besetzung den Bauern b2 verlieren würde.

15. Ta1—b1

Indirekter Angriff auf c5! Später zeigt sich, daß der Zug nicht nur für die Verteidigung von b2

nützlich war, sondern auch der Vorbereitung von b2—b4 diente.

15. ...   Tf8—e8

Das Feld c5 ist doch nicht zu behaupten und darum richtet Schwarz seine Aufmerksamkeit auf den schwachen Bauern von Weiß.

16. Tf1—e1(?)

Im Geist von Nimzowitschs Prophylaxe-Theorie gespielt: die Schwäche e3 wird vorsorglich befestigt. Botwinnik selbst jedoch kritisiert diesen Zug, mit dem Weiß einen großen Teil seines Positionsvorteils wieder einbüßt.

Logisch war 16. Sc5 Sf5, 17. Tfe1.

16. ...   Se7—g6

Der Unterschied ist, daß der Springer jetzt ein besseres Feld als f5 aufsucht. Schwarz will nämlich den zentralen Punkt e5 besetzen und damit einiges Gegengewicht für die verlorenen Posten c5 und d4 schaffen. Das Feld e5 hat den Charakter eines starken Feldes für Schwarz.

17. Sb3—c5!

Die erste und schwierigste Festung ist erobert, die zweite folgt sogleich. Es zeigt sich, daß 16. Te1 ein verlorener Zug war.

17. ...   Lc8—g4

Das liegt im Sinne des schwarzen Gegenplanes: Beherrschung von e5.

18. Sf3—d4   Sg6—e5
19. b2—b4! (s. Diagramm 100)

Weiß hat sein strategisches Ziel erreicht; die beiden Springer nehmen eine beherrschende Stellung ein. Es geht nun darum, diesen Vorteil auszunutzen, ohne die Trümpfe, die Schwarz auf Grund der Position seines Springers in der Hand hat, zu unterschätzen. Indessen sind die schwarzen Gegenchancen

100

Schwarz am Zuge

mehr statischer als dynamischer Art: der schwarze Springer beherrscht einige wichtige Felder, aber ein gefährlicher Sprung ist nicht zu erblicken. Allerdings sind die weißen Springer zunächst auch nicht besser daran: sie stehen ausgezeichnet, haben jedoch wenig Chancen auf einen wirkungsvollen Ausfall und auch kaum Gelegenheit zur Zusammenarbeit mit anderen weißen Figuren. Aber das alles kommt später doch. Ein psychologischer Vorteil, der mit dem Besitz von starken Feldern verbunden ist: man hat Zeit.

19. ...   Tb8—d8
20. e3—e4

Weiß benutzt die Gelegenheit, sich seines schwachen e-Bauern zu entledigen, und macht zugleich die e-Linie frei, auf der er den starken schwarzen Springer bedrohen kann. Dem steht natürlich gegenüber, daß Schwarz die d-Linie erhält und somit die Möglichkeit, die Position des Sd4 zu erschüttern.

20. ...   d5 × e4(?)

Einer der am meisten vorkommenden kleinen Fehler (auch unter sehr starken Spielern) wird durch den Textzug illustriert: Schlagen statt Schlagenlassen. Es ist klar, daß Schlagen im Vergleich zu Schlagenlassen immer ein bis zwei Tempi kostet, was in diesem Falle unter anderem bedeutet, daß Weiß einen Zug eher zur Verdoppelung in der e-Linie kommt. Warum also schlägt Schwarz doch? Wahrscheinlich aus Gründen der Ökonomie im Denken, oder auch aus Bequemlichkeit (er will die Anzahl der Möglichkeiten beschränken). Nach dem besseren 20. ... f6! allerdings braucht Weiß nicht auf d5 zu schlagen, sondern kann diesen Tausch beliebig lange hinauszögern, wodurch Schwarz bei den nächstfolgenden Zügen neben anderem stets mit dem Tausch auf d5 rechnen müßte.

21. Te1 × e4   a7—a5

Schwarz löst seinen isolierten a-Bauern auf.

22. a2—a3   a5 × b4
23. a3 × b4

Das kleine Intermezzo auf der a- und b-Linie ist nicht so unschuldig, wie es vielleicht aussieht. Analytiker haben nach der Partie bemerkt, daß Weiß mit 22. Dg3 (an Stelle 22. a3) auf Figurengewinn spielen konnte, aber Botwinnik widerlegt diese Fortsetzung mit 22. ... f6, 23. Tg4: Sg4:, 24. Dg4: h5, 25. Df4 ab4:, 26. Sdb3 Db5 und meint, daß die Chancen ungefähr gleichgeblieben sind.

Da diese Verwicklungen außerhalb unseres Themas liegen, wollen wir hier nicht weiter darauf eingehen, so wesentlich diese auch sein mögen.

23. ...   f7—f6!

Befestigung des Se5.

24. Tb1—e1

7*

Fesselung des Se5 (Te8 ist nicht genügend gedeckt), wodurch es eventuell möglich wird, den Se5 mit einem weißen Springer anzugreifen.

101

Schwarz am Zuge

Diese Stellung ist wichtig, denn die strategische Entscheidung steht unmittelbar bevor. Jetzt muß sich zeigen, ob die zwei starken weißen Springer soviel schwerer wiegen als der eine schwarze, daß daraus der Gewinn hervorgeht.

Weiß verfügt in der Hauptsache über folgende drei Möglichkeiten:
a) Angriff auf e6;
b) Bedrohung des gefesselten Se5 (solange Te8 nicht genügend gedeckt steht);
c) Druck auf den Bauern c6.

Keine dieser Möglichkeiten bietet im Augenblick besondere Perspektiven, weil sich die beiden weißen Springer in der Bindung Db6/Kg1 befinden, eine Folge des 20. Zuges von Weiß (e3—e4). Sobald aber der weiße König beiseitegeht, bekommen die Springer ihre Beweglichkeit zurück und die genannten Möglichkeiten werden aktuell.

Schwarz hat also einen Zug Zeit und wenn er diese Zeit gut nutzt, kann

er viel Unheil vermeiden. Es ist merkwürdig, daß diese Stellung ein Manöver enthält, welches alle drei Möglichkeiten zugleich entgiftet, und zwar 24. ... Lh5 nebst 25. ... Lf7. Damit wird e6 solider gedeckt (a), Te8 gesichert (b) und Bc6 indirekt gestützt, weil nach der Deckung des Te8 der schwarze Springer nicht mehr gefesselt ist.

Der Clou ist also, daß Schwarz das Feld e6 einen Augenblick unbewacht lassen kann, weil Weiß, solange sein König sich auf g1 befindet, doch nicht Sde6 spielen darf. Außerdem steht der schwarze Läufer auf f7 solider als auf g4, wo er Angriffen ausgesetzt wäre, so daß die Deckung von e6 darunter leiden könnte.

24. ...   Kg8—h8?

Schwarz sieht es nicht.

25. Kg1—h1!

Aber Weiß nun doch! Eine treffende Demonstration des bekannten Wortes: „Wenn zwei dasselbe tun, ist es nicht dasselbe". Nun hat Schwarz plötzlich gegen die verschiedenen Drohungen keine Verteidigung mehr; in erster Linie ist 26. Sd3 mit Angriff auf Se5 und Bc6 zu befürchten.

Einige Möglichkeiten:
1. 25. ... Td5?, 26. Tg4: usw.
2. 25. ... Lh5 (zu spät), 26. Sde6 Tb8, 27. Te5:! fe5:, 28. De5: mit Mattdrohung auf g7.
3. 25. ... Lc8, 26. Sa4 Da6 (oder ein anderer Damenzug), 27. Dc6:! und Weiß hat einen gesunden Bauern gewonnen.
4. 25. ... Ld7, 26. Sd7: (siehe den Partieverlauf).

5. 25. ... Tc8 (oder Tb8), 26. Sd3
mit Bauerngewinn (26. ... Db8,
27. Se5: fe5:, 28. Tg4: ed4:,
29. Td4:).

6. 25. ... h6 (relativ am besten)
26. h3 Lc8, 27. Sd3 Lb7, 28.
Sf3 mit Vorteil für Weiß.

25. ...   Lg4—d7
26. Sc5 × d7   Td8 × d7
27. Dc3 × c6   Db6—d8
28. Sd4—f3
und Weiß hat einen Bauern gewonnen: (Es waren aber noch an
die 40 Züge nötig, auch die Partie
zu gewinnen!)

Diese Partie hat uns wieder einmal den Wert der starken Felder vor Augen
geführt, und besonders auch die Kraft eines Springers, der sich auf einem
solchen Feld befindet.

Das Urteil war hier nicht so einfach wie in dem ersten Beispiel, weil auch
Schwarz über ein starkes Feld verfügte und dort ebenfalls einen Springer
aufgestellt hatte — aber rein arithmetisch kommen wir doch zu dem über-
zeugenden Schluß: zwei Springer sind stärker als einer.

Der **Plan** (für Weiß) besteht zum Teil in der Unterminierung der feindlichen
Stärke (e5), zum anderen Teil in der Verwirklichung der eigenen (Angriff
auf c6, Einfall auf e6).

Während im Endspiel auch der König auf einem starken Feld gut zur
Geltung kommt, erweist sich im Mittelspiel der Springer als die gegebene
Figur, und das ist auch leicht zu erklären. Stärkere Figuren wie Dame und
Türme sind im allgemeinen zu verwundbar, um in der vordersten Linie
eingesetzt zu werden. Wenn sich auf e5 eine starke Dame befindet, dann ist
diese zwar für die schwarzen Bauern unerreichbar, nicht aber für Springer,
Läufer und Türme des Gegners.

Ganz anders der stark stehende Springer, der nur einer Bedrohung durch
Bauern weichen müßte. Wohl können ihn auch die feindlichen Läufer und
Springer angreifen, doch bedeutet dies höchstens Abtausch und eventuell
Verlust des starken Feldes, aber keine materielle Einbuße. So betrachtet,
käme auch der Läufer in Frage, ein starkes Feld zu besetzen; aber ein zweites
Argument gibt doch den Ausschlag zugunsten des Springers. Der Läufer
kann oft dasselbe leisten, ob er nahebei oder weiter entfernt steht: ein Läufer
ist auf b2 ebensoviel wert wie auf e5, wenn es sich um ein auf g7 stehendes
Angriffsobjekt handelt. Dagegen hat der Springer keine Abstandswirkung:
von b2 aus könnte er nicht an einem Angriff auf die feindliche Königsstellung teilnehmen. Es ist darum viel wichtiger, den Springer auf einen
vorgeschobenen Angriffsposten zu dirigieren als den Läufer, der in der
Ferne sicherer steht als in der Nähe und doch dieselben Dienste tut. Aber
das schließt natürlich nicht aus, daß auch der Läufer bisweilen auf einem
starken Feld Wertvolles leistet, wie unser nächstes Beispiel aus dem Turnier
um die Meisterschaft der UdSSR 1949 dartut.

102

Der letzte schwarze Zug 17. . . . f7—f5 hatte das große Bedenken, das Feld e6 preiszugeben; aber Weiß drohte auf a5 einen Bauern zu gewinnen, und deshalb beachtete Schwarz die mit dem Notbehelf des Textzuges verbundenen großen Nachteile nicht so genau.

18. Lb5—d7!

Weiß hat entdeckt, daß e6 ein starkes Feld für ihn ist, auf dem am besten der Läufer zur Geltung kommt; ganz abgesehen von der Frage, ob er überhaupt den Springer heranzubringen vermag Außerdem steht der Läufer auf e6 noch sicherer als der Springer, und was seine Aktivität anbelangt, so spricht der Partieverlauf eine deutliche Sprache.

	18. . . .	Dd6—e5

19. Ld2—c3!

Weiß beseitigt den Lg7, was den schwarzen Königsflügel noch mehr entblößt und die Kraft des Le6 erhöht. Der Textzug kostet zwar einen Bauern, doch ist dies ohne Belang.

19. . . .	De5 × e4
20. Ld7—e6†	Kg8—h8
21. Lc3 × g7†	Kh8 × g7

Nun steht der weiße Läufer auf dem starken Feld und es wird klar, warum er so schwer zu vertreiben ist. Der schwarze Springer ist meilenweit entfernt, und den gegnerischen Läufer hindert Le6 selbst am Eingreifen (er beherrscht das Feld c8), was zum Beispiel nicht der Fall wäre, stünde auf e6 ein Springer.

22. Da4—a3!

103

Schwarz am Zuge

Ein besonders starker Zug, der die Kraft des Le6 deutlich macht. Die Funktion des Läufers besteht nicht so sehr im Angriff auf die eine oder andere Figur, als vielmehr darin, dem schwarzen König Felder zu nehmen und so direkte Mattgefahren hervorzurufen. Danach verhindert der Läufer auch die Opposition des schwarzen Turmes auf der c-Linie, wirkt also ebenfalls nach zwei Seiten.

Jetzt droht 22. De7:† Kh6, 23. Df8:†, alles mit Schach, so daß Schwarz zu 21. . . . Ld5: oder 21. . . . De2: keine Zeit hat.

	22. . . .	De4—h4

Andere Möglichkeiten:

I. 22. . . . Kf6, 23. Dc3† De5 24. Sd4!

a) 24. . . . Ld5:, 25. f4! De4,
26. Sf3† Ke6:, 27. Sg5†
Kd7, 28. Dc7† usw.

b) 24. . . . f4, 25. Te1 und 26.
Sf3†.

2. 22. . . . Te8, 23. Db2† Kh6, 24.
Tc3 Ld5:, 25. Th3† Kg5, 26.
f4† Kg4, 27. Ld5: Dd5:, 28. Dc3
und gewinnt.

23. Tc1—c7   Kg7—h8
Nach 23. . . . Te8, zur Verteidigung
des e-Bauern, wäre sofort 24. d6
wegen 24. . . . De4 weniger gut,
aber nach 24. g3 Df6, 25. Sf4 ist
d5—d6 eine Drohung. Die schwarzen Figuren stehen beinahe Patt
und können wenig oder nichts
gegen den fortschreitenden weißen
Angriff tun.

24. Tc7 × e7
Dieses Schlagen verschlimmert insofern die schwarze Lage, als nun
Schwarz in keinem Augenblick die
Diagonale b2—h8 aus den Händen
geben darf, will er nicht Matt
werden. Hauptakteur ist wieder der
starke Läufer.

24. . . .   Dh4—f6
25. Te7—c7
Um auf ein Schach in der untersten
Reihe dazwischensetzen zu können.

25. . . .   Lb7—a6
26. Se2—f4!
Die gebundene Stellung von
Schwarz macht diesen Schlußangriff

möglich: es droht 27. Sg6:† hg6:
(Dg6: 28. Df8:†) 28. Dh3† und
Matt.

26. . . .   Df6—a1†
27. Tc7—c1   Da1—g7
28. Tc1—c3!
Droht von neuem 29. Sg6:† (29.
. . . Dg6:, 30. Df8:† oder 29. . . .
hg6:, 30. Th3†).

28. . . .   Tf8—d8
29. Da3—b2!
Nachdem der schwarze Turm sich
der Bedrohung durch die Da3
entzogen hat, kann diese direkt auf
der Diagonalen Verwendung finden.

Es droht einmal mehr 30. Sg6:†
(30. . . . Dg6:, 31. Tc7†) usw.

29. . . .   Sa5—c4
Kostet einen Bauern, aber dies ist
die einzige Möglichkeit, die Partie
noch etwas zu verlängern.

30. Sf4 × g6†   Dg7 × g6
31. Tc3 × c4†   Dg6—g7
32. Db2 × g7†   Kh8 × g7
33. Tc4—c7†

und Weiß gewann, in erster Linie
durch seinen Mehrbauern, dann
aber auch durch den gutpostierten
Le6, obwohl dieser im. Endspiel
längst nicht die gleiche Wirkung
hatte wie in der Angriffssphase des
Mittelspiels.

Beurteilung von Stellung 103: Weiß steht ungeachtet seines Minusbauern
besser, weil er einen unvertreibbaren Läufer hat, der beim Angriff auf den
schwarzen König kräftig mitwirkt.

Plan: angreifen und nochmals angreifen — vor allem aber nicht die Damen
tauschen, denn im Endspiel ist das Übergewicht des starken Läufers höchstens einen halben Bauern wert. Dame, Turm und Springer müssen den
Läufer in seiner Aktion unterstützen, und das taten diese Figuren denn auch

zur Genüge — der schwarze König war ständig den Mattgefahren preis-
gegeben, wobei der unbewegliche Läufer die Hauptrolle spielte.

Ein starkes Feld hat um so mehr Wert, je wichtiger die von ihm aus erreich-
baren Punkte sind. Im allgemeinen wird daher einem starken Feld in der Nähe
des Königsflügels ein größeres Gewicht beizumessen sein als auf anderen
Teilen des Brettes, besonders, wenn es höher liegt. Deshalb konnte auch der
Le6 in unserem letzten Beispiel eine solche gewaltige Kraft entwickeln.

Stärke und Bauernformation hängen so eng zusammen, daß in unserem
vorigen Abschnitt, der von schwachen Bauern handelte, das starke Feld
automatisch zur Sprache kommen mußte.

Man betrachte das Beispiel Nr. 93, in dem die starke weiße Dame auf beiden
Flügeln zugleich wirkte. Schließlich läßt das Endspiel Nr. 97 sehen, wie der
König das starke Feld als Knotenpunkt für den Marsch in verschiedenen
Richtungen benutzte.

Wir haben bereits festgestellt, daß das starke Feld im Endspiel ein ausgezeichneter Platz für den König sein kann. Ist es doch in der Regel für die
feindlichen Figuren unzugänglich, so daß der König dort sicher und zugleich aktiv steht.

Ein lehrreiches Beispiel soll dies noch einmal erläutern.

Nach 1. e2—e4 e7—e6, 2. d2—d4
d7—d5, 3. Sb1—c3 Sg8—f6, 4. Lc1
—g5 Lf8—e7, 5. e4—e5 Sf6—d7,
6. Lg5×e7 Dd8×e7, 7. Dd1—d2
0—0, 8. f2—f4 c7—c5, 9. Sg1—f3
Sb8—c6, 10. g2—g3 a7—a6, 11.
Lf1—g2 b7—b5, 12. 0—0 c5×d4,
13. Sf3×d4 Sc6×d4, 14. Dd2×d4
De7—c5,15. Dd4×c5 Sd7×c5 (Tar-
rasch-Teichmann, San Sebastian
1912)

104

beurteilt das Handbuch von Bilguer
die Stellung als günstig für Weiß,
welchem Urteil der Leser wohl zu-
stimmen dürfte — hat Weiß doch
auf d4 ein starkes Feld. Die Frage
ist jedoch, ob man ihm eine durch-
schlagende Wirkung beimessen darf.
Es entspricht zwar den Voraussetzungen, die an ein starkes Feld
zu stellen sind, aber die schwarze
Stellung sieht trotzdem sehr solide
aus.

Lassen wir darum die Tatsachen
sprechen.

16. Sc3—e2
Nach d4!
16. ... Lc8—d7
17. Se2—d4 Ta8—c8
Schwarz hat den Vorteil der einzigen offenen Linie und sucht
daraus Nutzen zu ziehen. Aber es
ist wieder bemerkenswert, daß der
starke Sd4 den verwundbaren Bau-

ern auf dieser Linie — c2 — be-
schützt. Würde Weiß den Bauern
nach c3 vorrücken, dann wäre er
merkwürdigerweise exponierter als
auf c2, weil Schwarz in einem
geeigneten Moment b5—b4 spielen
könnte. Außerdem ist es später
für Weiß von großem Wert, den
Zug b2—b3 in petto zu haben, und
dieser ist unbedenklicher, wenn der
c-Bauer noch auf c2 steht.

18. Kg1—f2!
Ein ganz besonderer Zug, der bei-
zeiten mit der Wachablösung auf d4
rechnet. Der weiße König stellt
sich vorläufig sicher auf e3 auf, um
zu gegebener Stunde d4 zu übernehmen.
Man beachte, daß eine eventuelle
mit f7—f6 beginnende Zentrums-
aktion von Schwarz den Bauern e6
schwächen und so die Kraft des
Sd4 erhöhen würde.

18. ...   Tc8—c7
19. Kf2—e3   Tf8—e8
Schwarz fürchtet, daß Weiß mit
f4—f5 angreifen könnte, und beobachtet deshalb mit diesem Turm
e5. Es zeigt sich aber bald, daß
Weiß ganz andere Pläne hat.

20. Tf1—f2!
Schafft Platz für den Lg2, der sich
über f1 nach d3 begeben soll.

20. ...   Sc5—b7
21. Lg2—f1   Sb7—a5
22. b2—b3
Das Zulassen von Sa5—c4 würde
das weiße Konzept verderben. Nach
dem praktisch erzwungenen Tausch
auf c4 (Lf1 × c4 d5 × c4) wäre dann
d4 als Standplatz des weißen Königs
problematisch geworden (siehe Anmerkung zum 17. Zuge von
Schwarz).

22. ...   h7—h6?
Ein ernster positioneller Fehler,
den Weiß vortrefflich ausnutzt.
Aus Abschnitt V wissen wir bereits, wieviel leichter der Königsangriff vonstatten geht, wenn sich
die Bauern des feindlichen Königsflügels nicht mehr auf ihren Ur-
sprungsfeldern befinden. Obschon
die Damen getauscht sind und von
Mattgefahr keine Rede sein kann,
ist es für Weiß sehr wichtig, nächst
dem Kampf im Zentrum eine zweite
Front zu schaffen, was um so eher
möglich ist, wenn am Königsflügel eine offene Linie entsteht.
Und dem arbeitet Schwarz mit dem
Textzug gerade in die Hand!

23. Lf1—d3   Sa5—c6
Schwarz beseitigt den starken weißen Springer; an seine Stelle tritt
aber eine noch stärkere Figur.

24. Sd4 × c6   Ld7 × c6
25. Ke3—d4!

Schwarz am Zuge

105

Seine Majestät ist eingetroffen. Man
beachte, wie Weiß vorausschauend
alle nötigen Maßregeln ergriffen
hat: nachdem der Sd4 verschwunden ist, übernimmt nun der Läufer
die Deckung von c2, und die Beherrschung von c4 durch den Bb3

kann für die Sicherheit des weißen Königs von Nutzen sein.

25. ...   Lc6—d7
26. g3—g4!

Um die zweite Front zu bilden. Die Position des weißen Königs hat vorläufig nur insofern indirekte Bedeutung, als

1. der schwarze Turm an die c-Linie gebunden ist, weil sonst der weiße König eindringen würde;

2. Schwarz jede größere Abwicklung vermeiden muß, weil diese infolge der sehr günstigen Stellung des weißen Königs unvermeidlich zu einem für Weiß gewonnenen Endspiel führt.

26. ...   Ld7—c8
27. h2—h4!

Nun droht bereits 28. g5 h5, 29. g6! mit Isolierung und Eroberung von h5.

27. ...   g7—g6

Die typische Verteidigungsstellung gegen einen Bauernsturm. Schwarz versucht, die Stellung geschlossen zu halten, und will g4—g5 mit h6—h5 und h4—h5 mit g6—g5 beantworten. Hier ist diese Methode jedoch wenig angebracht, weil der weiße f-Bauer bereits auf f4 steht und wunschgemäß auf g5 tauschen könnte. Schwarz verzichtet denn später auch auf g6—g5, ohne allerdings seine Lage zu verbessern.

28. Ta1—h1

Auf 28. h5 hätte Schwarz 28. ... Kg7 gespielt. Weiß schiebt den Vorstoß h4—h5 noch etwas auf, was aber lediglich eine Zugumstellung bedeutet.

28. ...   Kg8—g7
29. h4—h5   Te8—h8
30. Tf2—h2   Lc8—d7
31. g4—g5!

Erzwingt die Öffnung der h-Linie und damit ist der Gewinn eine vollendete Tatsache. Es folgte noch 31. ... h6×g5, 32. f4×g5 g6×h5 Schwarz hat beinahe keine abwartenden Züge mehr: 32. ... Le8 wird mit 33. hg6: Th2:, 34. gf7:! beantwortet, und auf 32. ... Th7 wird der Turm mit 33. h6† eingeschlossen. Relativ am besten wäre 32. ... Tcc8 gewesen.

33. Th2×h5 Th8×h5, 34. Th1×h5 Kg7—f8, 35. Th5—h8† Kf8—e7, 36. g5—g6(?)

Schneller gewann 36. Ta8 Lc8, 37. a4 ba4:, 38. ba4: Tc6, 39. Ta7† Ke8, 40. a5 und Schwarz steht praktisch Patt.

36. ... f7×g6, 37. Ld3×g6 b5—b4(?)

Exponiert Ba6 und erleichtert die Aufgabe von Weiß.

38. Th8—h7† Ke7—d8, 39. Lg6—d3 Tc7—c3, 40. a2—a3 a6—a5, 41. Th7—h8† Kd8—e7, 42. Th8—a8.

Schwarz gab auf.

Ein ganz besonderes Endspiel, aus dem wir einige neue Schlüsse ziehen können. Unser **Urteil** muß sowohl hinsichtlich Stellung 104 als auch 105 positiv lauten: im ersten Falle hat der weiße Springer die vollständige Herrschaft über d4, im zweiten der König, wobei nur darauf zu achten ist, daß dieser nicht durch ein Schach aus seiner beherrschenden Position vertrieben werden kann.

Der **Plan** ist zweiteilig:

a) Risikofreies *Besetzen* von d4, erst durch den Springer, danach durch den König (einige feine Züge 18. Kf2!, 20. Tf2! und 22. b3!)

b) Das Bilden einer zweiten Front unter Ausnutzung des Raumübergewichts am Königsflügel. Dazu ist nötig, daß die Bauern vorrücken und eine *Linienöffnung* herbeiführen, die die Voraussetzungen zu einer *Vereinfachung* schafft und damit das Eingreifen des stark stehenden Königs ermöglicht.

(Die Ausführung dieses Planes wird durch 22.... h6? wesentlich erleichtert; ohne diese Schwächung hätte Weiß nach genügender Vorbereitung den Vorstoß f2—f4—f5 verwirklichen müssen.)

Wir dürfen den Begriff „starkes Feld" nicht zu genau auffassen, und wenn wir die drei Voraussetzungen, von denen zu Beginn dieses Abschnitts die Rede war, näher betrachten, müssen wir besonders die „Unerreichbarkeit" durch feindliche Bauern unter die Lupe nehmen. Dies kann nämlich auch lauten „schwer" oder „nur unter erschwerenden Umständen erreichbar."

Ein einfaches Beispiel soll eine oft vorkommende Situation wiedergeben.

1. e4 e5, 2. Sf3 Sc6, 3. Lb5 a6, 4. La4 Sf6, 5. o—o Le7, 6. Te1 b5, 7. Lb3 d6, 8. c3 o—o, 9. h3 Sa5, 10. Lc2 c5, 11. d4 Dc7.

Ein alter Bekannter: die geschlossene Spielweise der Spanischen Partie.

12. d4 × e5   d6 × e5
Die Tauschvariante.

13. Dd1—e2   Lc8—e6
14. Lc1—g5(?)

Ein weniger starker Zug; der Grund zeigt sich bald.

14. ...   Sf6—h5
15. Lg5 × e7   Sh5—f4!
16. De2—e3

16. Df1 würde nach 16.... Lc4 Material kosten.

16. ...   Dc7 × e7
17. b2—b3

Um 17.... Sc4 zu verhindern; 17. Se5: wird mit 17.... Dg5, 18. Sg4 Lg4:, 19. hg4: Dg4: zum Vorteil von Schwarz beantwortet.

106

Schwarz am Zuge

Betrachten wir die Position des Sf4. Das Feld f4 ist nicht „stark" im buchstäblichen Sinne des Wortes, weil der Springer dem Angriff g2—g3 ausgesetzt ist. Aber wegen Sh3:† kann Weiß nicht sofort g2—g3 ziehen, und die Durchsetzung dieses Bauernzuges wird noch viel Mühe und Zeit kosten, so daß man f4 praktisch doch als ein starkes Feld ansehen kann.

Wie ist das gekommen? Ursprünglich dadurch, daß Weiß h2—h3 gespielt hat, und später vor allem durch den Tausch des schwarzfeldrigen weißen Läufers (14. Lg5? und 15. Le7:). Man muß sich stets folgendes vor Augen halten: bei der gebräuchlichen Aufstellung in den Königsbauereröffnungen e4, f2, g2, h2 gegen e5, f7, g7, h7 bedeutet h2—h3 zwar keine Schwächung des Feldes f4, aber doch eine sichere „Empfindlichkeit", welche unter Umständen zur Krankheit führen kann, und deshalb spielt die Anwesenheit des weißen Damenläufers (Lc1) eine wichtige Rolle.

Zu bemerken wäre noch, daß Schwarz in dem Feld d5 faktisch ebenfalls eine Schwäche hat; doch ist diese ohne Belang, weil Weiß für absehbare Zeit nicht dazu kommen wird, seine Figuren gegen d5 zu richten.

Wir setzen die Partie noch etwas fort:

17. ...   De7—f6

Droht u. a. 18. ... Lh3:!, 19. gh3:? Dg6† usw.

18. Kg1—h2   Ta8—d8

18. ... Dg6 wird mit 19. Sh4 Dg5, 20. Dg3 beantwortet.

19. Sb1—d2

19. Dc5: hätte 19. ... Sh3:, 20. De5: Dh6 zur Folge.

19. ...   Df6—h6!

Droht 20. ... Lh3: usw.

20. Sf3—g1   Dh6—g5
21. g2—g3   Sf4×h3!

und Schwarz hat einen gesunden Bauern gewonnen (22. Sh3:? De3:, 23. Te3: Td2:).

Das Feld f4 hat in diesem Beispiel tatsächlich als starkes Feld fungiert, und der Sf4 hatte den Löwenanteil am Königsangriff.

Fassen wir alles noch einmal in bekannter Weise zusammen.

Urteil (von Stellung 106): Schwarz steht überlegen, weil der Sf4 vorläufig nicht zu vertreiben und deshalb als „stark" anzusehen ist.

Plan: schnelle Ausnutzung der Position des Sf4 durch eine allgemeine Aktion gegen die weiße Königsstellung. Vor allem darf Schwarz nicht warten, bis Weiß sich mit Kh2, Sg1 und g3 konsolidiert, denn dann wäre f4 kein starkes Feld mehr.

Es folgt nun noch ein Beispiel, in welchem der Begriff starkes Feld ebenso großzügig aufgefaßt wird wie in dem vorhergehenden.

1. e2—e4 c7—c6, 2. d2—d4 d7—d5, 3. e4×d5 c6×d5, 4. Lf1—d3 Sb8—c6, 5. c2—c3 Sg8—f6, 6. Lc1 —f4 Lc8—g4, 7. Sg1—f3 e7—e6, 8. Dd1—b3 Dd8—c8, 9. Sb1—d2 Lf8—e7, 10. o—o o—o, 11. h2—h3 Lg4—h5, 12. Ta1—e1 Lh5—g6, 13. Ld3×g6 h7×g6, 14. Sf3—e5

(Milner Barry—Snosko Borowsky, Tenby 1928) (s. Diagramm 107).

Die Theorie endet hier mit „Weiß steht günstig". In der Tat sprechen verschiedene Faktoren für die weiße Stellung, aber am wichtigsten ist wohl, daß Weiß die Herrschaft über e5 besitzt. Nun ist e5 jedoch kein starkes Feld im eigentlichen Sinne, weil der schwarze f-Bauer notfalls die Macht über e5 zurückgewinnen kann. Aber die Ver-

107

Schwarz am Zuge

treibung einer auf e5 postierten
weißen Figur durch f7—f6 würde
eine Schwächung des Be6 bedeuten,
und dann wäre das Mittel wo-
möglich schlimmer als die Krankheit.

Diagramm 107 ist charakteristisch
für eine ganze Gruppe von Stellungen, die durch eine halboffene
Linie (siehe auch Abschnitt IX)
gekennzeichnet werden und in denen eine leichte Figur auf dem am
weitesten vorgeschobenen Feld
einen Druck auf die feindliche
Stellung ausübt.

Weiß besitzt die halboffene e-Linie,
Schwarz die diesbezügliche c-Linie
Um aber aus der letzteren Nutzen
ziehen zu können, müßte Schwarz
einen Springer nach c4 bringen;
doch wird erstens dieses Feld von
zwei weißen Springern verteidigt,
und zweitens bedeutet selbst seine
Besetzung keine ausreichende Kompensation für den weißen Druck-
posten auf e5, weil e5 zentraler liegt
und sich dichter bei der schwarzen
Königsstellung befindet. Es folgte:

14. ...   Sf6—d7
Gegen e5 gerichtet, doch hat der
Textzug das Bedenken, die schwarze
Königsstellung zu schwächen.

15. Sd2—f3
Verstärkung für e5.

15. ...   Sc6×e5
16. Sf3×e5
Das Schlagen mit dem Bauern
würde dem Feld e5 seine strategische Bedeutung nehmen.

16. ...   Sd7×e5
17. Lf4×e5
Weiß ist Sieger geblieben. Allerdings hat nun der weiße Läufer
den Platz des Springers einge-
nommen, aber dies bedeutet — wie
auch die Folge lehrt — keinen
Nachteil, denn der Läufer ist im
Hinblick auf die schwarze Königsstellung mindestens so aktiv wie der
Springer.

17. ...   Dc8—c6
Nach 17. ... f6, 18. Lh2 wäre das
Schicksal von e6 besiegelt.

18. Te1—e3!
Das bekannte Rezept: die anderen
weißen Figuren müssen die Aktion
des Läufers unterstützen.

18. ...   b7—b5
Ein Versuch, am Damenflügel ein
Gegenspiel zu inszenieren, doch
kommt dieser zu spät und bringt
deshalb keine Erleichterung.

19. Db3—d1!
Umgruppierung, um wieder von
der starken Stellung des Le5 zu
profitieren.

19. ...   b5—b4
Konsequent, doch verdiente ein
Verteidigungszug wie 19. ... Ld6
oder 19. ... Kh7 nebst 20. ... Th8
wohl den Vorzug.

20. h3—h4! (s. Diagramm 108).
Mit der sehr deutlichen Absicht,
den feindlichen Bauern g6 zu beseitigen und so die schwarze Königsstellung für den konzentrischen

108

Schwarz am Zuge

Angriff der weißen Figuren zu öffnen.

20. ... b4 × c3?

Nach diesem unbedachten Tausch ist gegen den weißen Angriff kein Kraut mehr gewachsen. Unumgänglich war 20. ... f6.

21. Te3 × c3 Dc6—b6

Etwas besser geschah 21. ... De8.

22. h4—h5! g6—g5

Oder 22. ... f6, 23. hg6: fe5:, 24. Dh5 nebst Matt in wenigen Zügen.

23. h5—h6!!

Die denkbar wirksamste Hilfe für den weißen Läufer.

23. ... f7—f6

Zu spät! Auch andere Züge verlieren: 23. ... g6, 24. h7†, oder 23. ... gh6:, 24. Dh5 bzw. schließlich 23. ... Lf6, 24. hg7: Kg7:, 25. Dh5, resp. 24. ... Lg7:, 25. Lg7: Kg7:, 26. Dh5 f6, 27. Tfc1 Tf7, 28. Th3 und gewinnt.

24. Dd1—h5! Le7—d8

Die Pointe der weißen Kombination lautet, daß bei 24. ... fe5:, 25. Dg6 Lf6 das Eindringen des weißen Turmes entscheidet: 26. Tfc1, wonach gegen 27. Tc7 nichts zu erfinden ist.

25. Dh5—g6 Db6—b7

26. Tc3—c7! Schwarz gab auf. Noch bis kurz vor seinem Fall wirkt der starke Läufer mit, um dem Gegner den Gnadenstoß zu versetzen.

Urteil von Stellung 107: Im Besitz des Punktes e5 und der größeren Bewegungsfreiheit am Königsflügel steht Weiß besser.

Plan: Weiß muß die Wirksamkeit der auf e5 stehenden Figur (Springer oder Läufer) unterstützen, indem er die schweren Figuren zum Königsflügel bringt. (Die Durchführung des Angriffs wird durch den doppelten g-Bauern von Schwarz erleichtert; ein ergänzendes Beispiel zum Abschnitt V über den geschwächten Königsflügel.)

Offene Linien

Wenn man sieht, daß Spitzenspieler wie Botwinnik, Reshevsky und andere nach 1. d2—d4 d7—d5, 2. c2—c4 e7—e6 mehr als einmal mit 3. c4×d5 e6×d5 fortsetzten, dann muß man wohl zu dem Schluß kommen, daß die positionellen Auffassungen, verglichen mit der Zeit vor etwa 30 Jahren, eine Veränderung erfahren haben.

Weiß am Zuge

109

Gegen den Tausch 3. c4×d5 spricht doch die wichtige Überlegung, daß die Linie des Lc8 frei wird und die Entwicklung des schwarzen Damenläufers also — das Hauptmotiv so vieler Varianten des orthodoxen Damengambits — kein Problem mehr bedeutet. Demgegenüber wäre vielleicht anzuführen, daß Weiß seinen Läuferbauern gegen einen schwarzen Mittelbauern tauscht, so daß er nun eine Mehrheit im Zentrum hat (d- und e-Bauer gegen schwarzen d-Bauer). Aber wir sind doch längst über solche etwas engherzige Zentrumsbetrachtung hinweg und wissen, daß das Zentrum in erweiterter Bedeutung auch die c- und f-Bauern umfaßt und so gesehen halten sich die beiden Zentren vor und nach dem Tausch die Waage.

Wenn es also nicht die Veränderung im Zentrum ist, die Weiß veranlaßt, freiwillig an der Lösung eines der größten Eröffnungsprobleme von Schwarz mitzuwirken, was ist es dann? Es liegt nahe, den Blick auf die c-Linie zu richten, die durch den unerwarteten Tausch für Weiß offen geworden ist; aber dem steht gegenüber, daß Schwarz über die ebenfalls offene e-Linie verfügt. Welche der beiden Linien ist die wichtigere? Naturgemäß müssen wir unterstellen, daß die c-Linie die größere Bedeutung hat, denn sonst würde ein Botwinnik nicht auf d5 tauschen; aber das Warum kann erst deutlich werden, wenn in einem späteren Stadium die offenen Linien eine Rolle spielen. Aus dem Überfluß des verfügbaren Materials ist unsere Wahl auf eine Partie gefallen, die dieses Thema so klar als möglich zum Ausdruck bringt, weil eine weitgehende beiderseitige Vereinfachung die anderen Kennzeichen sozusagen verflüchtigt oder ganz aufgelöst hat.

Die Partie ging wie folgt weiter (wobei einige unwesentliche Zugumstellungen außer Betracht bleiben):

4. Sb1—c3 Sg8—f6, 5. Lc1—g5 Lf8—e7, 6. e2—e3 c7—c6, 7. Lf1—d3 Sb8—d7, 8. Sg1—f3 o—o, 9. Dd1—c2 Tf8—e8, 10. o—o Sd7—f8, 11. Sf3—e5 Sf6—g4, 12. Lg5×e7 Dd8×e7, 13. Se5×g4 Lc8×g4, 14. Tf1—e1 Ta8—d8, 15. Sc3—e2 Td8—d6, 16. Se2—g3 Td6—h6, 17. Ld3—f5 De7—g5, 18. Lf5×g4 Dg5×g4, 19. h2—h3 Dg4—d7 (1. Matchpartie Flohr—Euwe, Amsterdam 1932).

110

Weiß am Zuge

Weiß hat die offene c-Linie, Schwarz die offene e-Linie. Um aber hervorzuheben, daß die c-Linie durch den schwarzen Bauern c6 und die e-Linie durch einen weißen auf e3 unterbrochen wird, sprechen wir hier von der *halboffenen c-Linie* und der *halboffenen e-Linie*. Solche halboffenen Linien bieten besondere

Möglichkeiten, wie sich sehr deutlich aus dem weiteren Partieverlauf zeigt:

20. b2—b4!

Um später b4—b5 folgen zu lassen, was in jedem Falle eine Schwächung der schwarzen Bauern auf der rechten Flanke erzwingt. Dieser Vorstoß und seine Folgen werden sehr charakteristisch mit „Minderheitsangriff" (zwei gegen drei) bezeichnet.

20. . . .   Sf8—e6
21. Ta1—b1   Se6—c7
22. a2—a4   a7—a6

Es ist klar, worauf beide Parteien spielen: Weiß auf die Durchsetzung von b4—b5, Schwarz auf die Verhinderung dieses Zuges. Die beiderseitigen Versuche halten sich ungefähr im Gleichgewicht, aber ein solcher Zustand ist — wie fast immer — für den Angreifer vorteilhaft, der seine Figuren schnell auf andere Objekte richten kann, während der Verteidiger in dieser Hinsicht mehr gebunden ist.

23. Sg3—f1

Weiß bringt seinen Springer nach dem anderen Flügel, welches Manöver er mit einigen taktischen Ausfällen gegen den verirrten schwarzen Turm verbindet.

23. . . .   Te8—e7
24. Sf1—h2

Mit der Drohung Sh2—g4 e5.

24. . . .   Th6—e6

Um f6 spielen zu können, ohne den Turm auszusperren.

25. Sh2—f3	f7—f6
26. Sf3—d2	Te7—e8
27. Sd2—b3	Te6—e7
28. Sb3—c5	Dd7—c8

Der weiße Springer ist am Ziel angekommen, kann aber im Augenblick nicht viel ausrichten.

29. Te1—c1	Te8—d8
30. Sc5—d3	Dc8—b8
31. Sd3—f4	Sc7—e6

Dies bedeutet, daß Schwarz im Kampf um b5 kapituliert. Direkt nötig war ein solcher Entschluß nicht, aber wenn man bedenkt, daß das beiderseitige Lavieren die weiße Stellung fortwährend auf Kosten der schwarzen verbessert hat, dann kann man die Handlungsweise von Schwarz schon besser verstehen.

32. Sf4×e6	Te7×e6
33. b4—b5!	a6×b5
34. a4×b5	

111

Schwarz am Zuge

Die Schlüsselstellung jedes Angriffs auf der halboffenen Linie. Schwarz hat nun nur die Wahl zwischen:

a) Schlagen auf b5, wonach Schwarz zwei schwache Bauern hat (b7 und d5).

b) Schlagenlassen auf c6, wonach Schwarz einen schwachen Bauern hat (c6).

34. ...   c6×b5?

Also zwei schwache Bauern, aber dies mag nur dann angehen, wenn eine deutliche Kompensation vorhanden ist — und das ist hier bestimmt nicht der Fall. Mit 34. ... Dd6, 35. bc6: bc6: hätte Schwarz im Hinblick auf das geringe Material noch gute Remischancen behalten.

35. Tb1×b5   b7—b6

Nach 35. ... Tc6, 36. Dc6:! bc6:, 37. Tb8: wird Schwarz seinen Bauern sofort los.

36. Dc2—b3!

Nun geht es forciert. Weiß hält beide Bauern unter Druck, und es kann nicht lange dauern, bis einer fällt.

36. ...   Db8—d6

Oder 36. ... Db7, 37. Tcc5 Ted6, 38. e4 Kf8, 39. e5, und der schwarze Turm muß die Deckung von b6 oder d5 aufgeben.

37. Tc1—b1, und Bauer b6 ist unhaltbar.

Dieses einfache Beispiel brachte die Grundregeln der Strategie der halboffenen Linie klar zur Geltung. Weiß hat nach langwierigen aber keineswegs komplizierten Manövern den Vorstoß b2—b4—b5 durchgesetzt und damit schließlich Bauernverlust für Schwarz unvermeidlich gemacht. Vielleicht fragt sich der Leser, warum dieser nicht seinerseits die halboffene e-Linie ebenfalls als Basis für den analogen Vorstoß f7—f5—f4 benutzte; doch die Antwort muß lauten, daß die Situation dafür im allgemeinen nicht günstig ist. Kostet es meist schon Mühe, f7—f5 zu ermöglichen, so zwingt die strategische Konsequenz Schwarz zu dem verpflichtenden Vorstoß g7—g5, wenn Weiß dem weiteren Vorgehen des f-Bauern Widerstand entgegensetzt — und damit wäre der schwarze Königsflügel ernsthaft geschwächt. Der Minderheitsangriff paßt in der Regel eben besser auf den Damenflügel als auf den Königsflügel. Wenn aber der Vorstoß f7—f5 ohne große Mühe verwirklicht werden kann, dann müssen sowohl Schwarz als Weiß diese Möglichkeit ernstlich ins Auge fassen, wie der Leser übrigens auch aus einem der folgenden Beispiele sehen wird.

Fassen wir nun unsere zur Stellung 110 gewonnenen Erkenntnisse in gebräuchlicher Art zusammen.

Urteil: Weiß steht besser, denn die halboffene c-Linie ist wichtiger als die halboffene e-Linie.

Plan: den Damenflügel nach vorn (a4 und b4), die schweren Figuren auf die b- und c-Linie (den Damenturm möglichst nach b1, den Königsturm nach c1 und die Dame nach c2). Weiter ist es oft von Wert, das am weitesten vorgeschobene Feld einer halboffenen Linie (hier also c5) mit einem Springer zu besetzen (vergleiche Abschnitt VIII, Stellung 98). Dieses einfache Beispiel läßt vielleicht vermuten, daß die halboffene Linie das Kennzeichen „par excellence" ist, der Schlüssel zum Gewinn unter allen Umständen. So leicht ist die Sache nun aber nicht, und das ist ja auch aus dem gegebenen Beispiel zu entnehmen. Wer die Züge 10—20 etwas sorgfältiger durchdenkt, bemerkt, daß Weiß sehr genau manövrieren mußte, um die seinem Königsflügel drohenden Gefahren abzuwenden — Gefahren, die aus dem Raumvorteil von Schwarz am Königsflügel entstehen, der Manöver wie Ta8—d8—d6—h6 möglich machte.

Ein ergänzendes Beispiel zu diesen Darlegungen finden wir in der Partie Flohr—Keres, Semmering 1937: (die ersten 13 Züge wie eben).

14. Sc3—e2 De7—h4, 15. Se2—g3

112

Schwarz am Zuge

Fine bemerkt in seinem Buch über die Theorie der Eröffnungen: „Der Vormarsch der weißen Damenflügelbauern ist schwer aufzuhalten". Betrachten wir hierzu den weiteren Verlauf:

15. ...	Ta8—d8
16. b2—b4	Td8—d6
17. Tf1—e1	Td6—h6

Der charakteristische Gegenangriff.

| 18. Sg3—f1 | Sf8—e6 |
| 19. b4—b5 | |

Angesichts der drohenden Haltung von Schwarz auf dem Königsflügel hat Weiß keine Zeit, seine Aktion am Damenflügel ruhig vorzubereiten.

19. ...   Lg4—f3!?

Ein äußerst gefährliches Angriffs-
opfer, das nur dank der subtilen
Verteidigung von Weiß nicht durch-
schlägt.

20. g2×f3   Se6—g5
21. Ld3—f5!

f3 zu verteidigen hätte keinen Sinn
(weder durch 21. Le2 wegen 21. ...
Sh3†, noch durch 21. De2 wegen
21. ... Dh3 nebst 22. ... Sf3:†).
Der Textzug soll das Feld h3
schützen und so die Mattdrohung
des Gegners (21. ... Sf3:†, 22. Kg2
Dh3†, 23. Kh1 Dh2:†) parieren.

21. ...   Sg5×f3†
22. Kg1—g2   Dh4—h5

Nach 22. ... Sh2:, 23. Sh2: Dh2:†,
24. Kf1 hat sich der schwarze Angriff festgefahren. Mit dem Textzug
droht 23. ... Sh4† mit Eroberung
der Figur, oder auch gleich 23. ...
Df5:!

23. Sf1—g3!   Sf3×e1†
24. Ta1×e1   Dh5×h2†
25. Kg2—f3   Dh2—h4

Der schwarze Angriff ist abgeschlagen. Materiell stehen die Spiele
wieder ungefähr gleich (Turm und
zwei Bauern gegen zwei leichte
Figuren). Obwohl diese Partie Remis wurde, zeigt sie doch, daß man
den schwarzen Angriff nicht leicht
nehmen darf, so daß wir hinsichtlich
Stellung 112 zu dem Schluß kommen:

Urteil: Weiß hat am Damenflügel die besseren Aussichten, Schwarz am
Königsflügel. Es ist naturgemäß nicht möglich, zu entscheiden, welcher der
beiden Angriffe schwerer wiegt. Doch sei noch auf einen Unterschied in
den beiden Aktionen hingewiesen: die weiße ist langwieriger, die schwarze
heftiger.

Plan für Weiß: Angriff auf dem Damenflügel durch den bekannten Vorstoß b2—b4—b5, verbunden mit einer hinhaltenden Taktik am Königsflügel, wobei es besonders darauf ankommt, das numerische Übergewicht
von Schwarz durch Einsatz der leichten Figuren auszugleichen.

Plan für Schwarz: Angriff am Königsflügel um jeden Preis. Verteidigung
des Damenflügels ist nur durch Rückbeorderung der schweren Figuren
möglich, und das bedeutet Aufgabe des Königsangriffs. Wenn ein weißer
Bauer auf b5 erscheint, darf Schwarz ihn keinesfalls schlagen, da c6 von
der Flanke aus besser zu verteidigen ist als b7 oder d5.

Es folgt nun noch ein Beispiel, in
welchem Schwarz aus seiner halboffenen Linie Nutzen zieht.

1. d2—d4 Sg8—f6, 2. c2—c4 c7—e6,
3. Sb1—c3 d7—d5, 4. Lc1—g5
Sb8—d7, 5. c4×d5 e6×d5, 6. e2—
e3 c7—c6, 7. Lf1—d3 Lf8—e7,
8. Dd1—c2 Sf6—h5, 9. Lg5×e7
Dd8×e7, 10. Sg1—e2 g7—g6, 11.

o—o (Bouwmeester—Euwe, Amsterdam 1950) (s. Diagramm 113).

Die Situation unterscheidet sich
wesentlich von den bisher behandelten Stellungen, denn das
Vorhandensein des Bg6 erschwert
einen schwarzen Königsangriff
außerordentlich. Schwarz geht denn
auch zu einem anderen Plan über.

113

11. ...   f7—f5

Der Minderheitsangriff auf dem
Königsflügel.

12. Ta1—b1

Weiß bereitet die übliche Aktion
auf dem Damenflügel vor. Man
beachte dabei, daß 12. a3 einen
Tempoverlust bedeuten würde (in
der vorliegenden Partie geht der
a-Bauer in einem Zuge nach a4—
siehe 14. Zug), und weiter, daß
Weiß auf den schematischen Zug
Ta1—c1 verzichtet hat. Wie bereits
vermerkt, gehört in dieser Variante
der weiße Damenturm nach b1.

12. ...   o—o

13. b2—b4   a7—a6

Dies geschieht nicht zur Verhinderung des weißen Aufmarsches,
auch nicht zu seiner Verzögerung,
sondern nur, um bei den nun
folgenden Tauschaktionen auch den
a-Bauern miteinzubeziehen und so
nicht einen schwachen Randbauern
zurückzubehalten.

14. a2—a4   f5—f4!

Der Gegenstoß.

15. Se2 × f4   Sh5 × f4
16. e3 × f4   Tf8 × f4
17. Sc3—e2   Tf4—f6

Was hat Schwarz nun erreicht?
Einmal, daß die f-Linie geöffnet
wurde; dann aber vor allem, daß
Bd4 geschwächt ist.

18. b4—b5   a6 × b5
19. a4 × b5   Sd7—f8

In Übereinstimmung mit dem Merk-
satz: lieber ein schwacher Bauer als
zwei.

20. b5 × c6   b7 × c6

In dieser Stellung sind die Chancen
etwa gleich, denn Bauer d4 ist
wenigstens so schwach wie c6,
so daß dieses Beispiel einen neuen
Trumpf der Verteidigung zeigt:
den Minderheitsangriff auf der e-
Linie gegenüber einem solchen in
der c-Linie. Doch sei darauf hingewiesen, daß der Minderheitsangriff in der e-Linie naturgemäß
weniger Effekt erzielt als der in der
c-Linie, weil der weiße f-Bauer im
Gegensatz zum schwarzen b-Bauern
(nach einem eventuellen c6 × b5)
in keinem Falle isoliert wird.

Wir haben bereits mehr als einmal feststellen können, daß eine passive
Haltung nicht allein schwieriger, sondern auch weniger erfolgreich ist
als eine aktive Verteidigung. Wenn Schwarz in der Tauschvariante des
Damengambits sich nur auf die Verteidigung beschränkt, ist sein Urteil
bereits im voraus gesprochen. Denn wenn selbst eine ausreichende Verteidigung noch möglich wäre, wird man in der Praxis meist an den sich
häufenden Schwierigkeiten scheitern.

Zwei neuere Beispiele mögen dies noch einmal bekräftigen.

1. d2—d4 Sg8—f6, 2. c2—c4 e7—e6,
3. Sb1—c3 d7—d5, 4. Lc1—g5
Lf8—e7, 5. Sg1—f3 o—o, 6. Dd1—
c2 Sb8—d7, 7. c4×d5 e6×d5,
8. e2—e3 c7—c6, 9. Lf1—d3 Tf8—e8,
10. o—o Sd7—f8, 11. Ta1—b1 (v. d.
Berg—Kramer, Amsterdam 1950).
Dies scheint stärker zu sein als das
in den ersten beiden Beispielen
gespielte 11. Se5, das nur zur Vereinfachung führt.

11. ...   g7—g6
Das sperrt die 6. Reihe.

114

Weiß am Zuge

Schwarz hat keine Gegenchancen.
Der weiße Minderheitsangriff geht
wie am Schnürchen.

12.	b2—b4	a7—a6
13.	a2—a4	Sf8—e6
14.	Lg5—h4	Se6—g7
15.	b4—b5	a6×b5
16.	a4×b5	Lc8—f5
17.	b5×c6	b7×c6
18.	Sf3—e5!	

Der schwache schwarze c-Bauer
wird sogleich aufs Korn genommen.

18.	...	Ta8—c8
19.	Tb1—b7	Lf5×d3
20.	Dc2×d3	Tc8—c7
21.	Tb7×c7	Dd8×c7
22.	Tf1—c1	

Droht Bauerngewinn durch 23.
Lf6:, Lf6:, 24. Sd5:.

| 22. | ... | Dc7—b7 |
| 23. | Dd3—b1! | |

Um nach dem Damentausch den
schwarzen c-Bauern zu kassieren.

| 23. | ... | Db7—a6 |
| 24. | Sc3—a2 | Te8—a8 |

und nun konnte Weiß die Partie
mit 25. Se5×c6! schnell zu seinen
Gunsten entscheiden.

---

1. d2—d4 d7—d5, 2. c2—c4 e7—e6,
3. Sb1—c3 Sg8—f6, 4. Lc1—g5
Lf8—e7, 5. e2—e3 o—o, 6. Sg1—f3
Sb8—d7, 7. Ta1—c1 a7—a6, 8. c4×
d5 e6×d5, 9. Lf1—d3 Tf8—e8,
10. o—o c7—c6, 11. Dd1—c2
Sd7—f8, 12. a2—a3 g7—g6, 13.
b2—b4 Sf8—e6 (Kotov-Pachman,
Venedig 1950).

115

Weiß am Zuge

Diese Stellung trägt den gleichen
Charakter wie die vorhergehende:
Schwarz hat keine Gegenchancen.

14. Lg5×f6
Ein sehr bemerkenswerter Tausch,
den man oft in solchen Stellungen
antrifft, und dessen Begründung
lautet:
1. Ein Springer kann die weiße
Unternehmung mehr hindern als
der schwarze Königsläufer.

117

2. Der Le7 wird nach f6 gezwungen, so daß Weiß seinen Angriff unmittelbar durchsetzen kann, denn b4 ist nicht mehr beherrscht.

14. ...	Le7 × f6
15.	a3—a4	Se6—g7
16.	b4—b5!	a6 × b5
17.	a4 × b5	Lc8—f5
18.	Ld3 × f5	Sg7 × f5
19.	b5 × c6	b7 × c6

Die Situation ist wieder sehr klar geworden: Schwarz hat einen schwachen Bauern ohne Kompensation. Weiß gewann nach langem Manövrieren, einmal auf dem Damenflügel, das anderemal auf dem Königsflügel — die übliche Taktik, wenn es nicht glückt, einen schwachen Bauern direkt zu erobern (siehe Abschnitt VII).

Stehen uns in der Tauschvariante des Damengambits keine sofortigen Abwehrmittel gegen den Minderheitsangriff zur Verfügung und sind wir deshalb lediglich auf Gegenaktionen angewiesen, wie in den ersten Beispielen gezeigt wurde? Nun, ganz so trübe sieht die Sache nun auch wieder nicht aus, doch ist es schwierig, die richtigen Maßnahmen rechtzeitig zu treffen. Glückt es Schwarz, einen Springer nach d6 zu bringen und kann er den Vormarsch b2—b4 mit b7—b5 beantworten (ohne c6 dabei zu verlieren), dann ist der Minderheitsangriff ungefährlich, weil Schwarz die c-Linie durch Sc4 blockieren kann. Z. B.:

1. d2—d4 d7—d5, 2. c2—c4 e7—e6, 3. Sb1—c3 Sg8—f6, 4. Lc1—g5 Lf8—e7, 5. e2—e3 o—o, 6. Ta1—c1 Sb8—d7, 7. c4 × d5 e6 × d5, 8. Sg1—f3 c7—c6, 9. Lf1—d3 Sf6—e8,

10. Lg5 × e7 Dd8 × e7, 11. o—o Sd7—f6, 12. a2—a3 Se8—d6

116

Weiß am Zuge

Hier steht Schwarz merklich besser als in allen vorhergehenden Beispielen, weil 13. b4 mit 13. ... b5, 14. Se2 Sc4 oder 14. Se5 Ld7, 15. f3 Sc4 beantwortet werden kann, wonach Schwarz nichts mehr zu fürchten hätte. In der Regel kann Schwarz jedoch diese verbesserte Aufstellung nicht erreichen, besonders wenn Weiß nicht so früh Te1 spielt oder wenn er zeitig auf Ld3 nebst Dc2 zusteuert.

Wie dem auch sei, wir haben hier für den Verteidiger eine wichtige Waffe entdeckt:

einen Springer auf d6 — und dies kann unter allen Umständen eine Richtschnur für die richtige Abwehr bilden.

Bis hierher haben wir das Motiv der halboffenen Linie stets zusammen mit dem Minderheitsangriff betrachtet, und soweit wir es mit der Tauschvariante des Damengambits zu tun haben, besteht für den Angreifer auch kaum eine Alternative. Aber das Kennzeichen der halboffenen Linie kann auch in anderen Formen auftreten.

Ein einfaches Beispiel:

117

Weiß am Zuge

Weiß gewinnt einen Bauern:
1. Sc3—d5!

Ein Vorposten auf dem entferntesten Feld der halboffenen Linie (s. Abschnitt VIII). Der schwarze c-Bauer ist angegriffen und kann nicht gedeckt werden (1. ... Tac8 kostet nach 2. Se7† die Qualität). Es bleibt also nur

1. ... c7—c6

mit Schwächung des d-Bauern, die in vorliegendem Falle sofort fatal ist:

2. Sd5—e7† Kg8—h8
3. Td1 × d6

mit Eroberung des Bauern.

Dieses einfache Beispiel wird von zwei Faktoren beherrscht:
a) dem Schach auf e7,
b) der Position des Td2, welche die Verdoppelung ohne Zeitverlust ermöglicht.
Ohne die Wirkung dieser mehr oder weniger zufälligen Faktoren würde die halboffene d-Linie noch keinen Bauerngewinn ergeben, sondern nur einen Druck auf die feindliche Stellung mit sich bringen. So zum Beispiel wird die folgende Variante aus der Englischen Eröffnung 1. c2—c4 e7—e5, 2. Sb1—c3 Sg8—f6, 3. Sg1—f3 Sb8—c6, 4. d2—d4 e5—e4 als ungünstig für Schwarz angesehen auf Grund der Abwicklung: 5. Sf3—d2 Sc6 × d4, 6. Sd2 × e4 Sd4—e6, 7. g2—g3 Sf6 × e4, 8. Sc3 × e4 Lf8—b4†, 9. Lc1—d2 Lb4 × d2†, 10. Dd1 × d2. Weiß wird schließlich das Feld d5 in Besitz nehmen, weil Schwarz nicht c7—c6 spielen kann, ohne seinen d-Bauern zu schwächen.
Wieder von ganz anderer Art ist die halboffene Linie in dem folgenden Beispiel:

118

Weiß spielt

1. c4—c5!
Ein Minderheitsangriff, jedoch nicht mit dem Ziel, dem Gegner schwache Bauern zu verschaffen, sondern um das Hindernis d6 aus dem Wege zu räumen, wonach die halboffene Linie ganz offen wird.
1. ... d6 × c5
Schwarz hat keine Wahl. Nach 1. ... Td8, 2. cd6: Td6:, 3. Td6: cd6:, 4. Kc4 geht der d-Bauer forciert verloren und nach 2. ...

119

cd6:, 3. Kc4 Kg8, 4. Kd5 Kf7,
5. Tc2 Td7, 6. Tc8 kämpft Schwarz
ebenfalls für eine verlorene Sache.

2. b4 × c5

Man beachte, daß Weiß seinen eigenen Bauern isoliert hat. Dafür
beherrscht er aber die d-Linie, auf
der sein Turm in das schwarze
Spiel eindringen kann.

    2. ...   Kh8—g8
    3. Td2—d7   Ta8—c8
    4. Kb3—c4

und Schwarz hat schwer zu kämpfen.
Der hier in einigen Zügen voll-
zogene Übergang hat uns auf ein
neues Thema gebracht: die *ganz
offene Linie* und in engem Zusammenhang damit die *siebente Reihe.*
Zu allererst geben wir ein Standard-
Beispiel, um dann diesen Begriffen
eine festere Form zu verleihen.
1. d2—d4 d7—d5, 2. e2—e3 c7—c5,
3. c2—c3 e7—e6, 4. Lf1—d3 Sb8—
c6, 5. f2—f4 Sg8—f6, 6. Sb1—d2
Dd8—c7, 7. Sg1—f3 c5 × d4, 8. c3
× d4 (Van Vliet—Snosko—Borowsky, Ostende 1907).

119

Schwarz am Zuge

In dieser Stellung steckt eine be-
merkenswerte Chance für Schwarz,
mit Hilfe einiger taktischer Wen-

dungen auf der offenen c-Linie in
Vorteil zu kommen.

    8. ...   Sc6—b4!
    9. Ld3—b1

Anscheinend vollkommen genügend; der Springer wird bald mit
a2—a3 zurückgetrieben und danach
ist die Gefahr abgewendet — ohne
Zeitverlust, doch auch ohne Zeitgewinn, denn nicht nur der schwarze Springer muß zurück, sondern
auch der Lb1 kann nicht lange
stehen bleiben, ohne Ta1 ernstlich
zu behindern.

    9. ...   Lc8—d7
    10. a2—a3   Ta8—c8!

Die erste Speiche im Rade.
Auf 11. ab4: folgt nun 11. ... Dc1:,
12. Ta7: Db2:, 13. o—o Db4: und
Schwarz hat einen Bauern gewonnen.

    11. o—o   Ld7—b5!

Und dies ist die zweite Speiche.
Auch sofort 11. ... Sc2 war möglich, wenn auch nicht so effektiv.

    12. Tf1—e1   Sb4—c2
    13. Lb1 × c2   Dc7 × c2
    14. Dd1 × c2   Tc8 × c2

120

Weiß am Zuge

Das Resultat der schwarzen Unternehmung liegt klar zutage: der
schwarze Turm behindert die weiße

Entwicklung und kann in Zusammenarbeit mit anderen Figuren allerlei Tätigkeit entfalten. Da der Erfolg solcher Aktionen mit der Position des Tc2 steht und fällt, ist es von vitaler Bedeutung, diesen Turm auf der zweiten Reihe zu behaupten. Natürlich muß der andere Turm dabei eine Rolle spielen, so daß mit der Besetzung der zweiten Reihe die Bedeutung der offenen Linie eher zu- als abgenommen hat. Außerdem aber sind auch die leichten Figuren von Schwarz (Lb5 und Sf6) aktiv, sowohl um den Druck auf die weiße Stellung zu erhalten bzw. zu vergrößern, als auch, um aus den günstigen Umständen Nutzen zu ziehen.

15. h2—h3
Um Sg4 zu verhindern, aber sofort 15. Sb1 wäre etwas besser gewesen.

15. ...   Lf8—d6
16. Sd2—b1
Die charakteristische Umgruppierung. Der Springer strebt nach c3, um den Tc2 abzuschneiden; und wenn auch keine Rede davon sein kann, diese eingedrungene Figur zu erobern, so soll das Springermanöver doch die c-Linie als Basis weiterer Aktionen ausschalten.

16. ...   Sf6—e4
Verhindert 17. Sc3.
17. Sf3—d2
Um nach dem Springertausch den gefaßten Plan doch durchzusetzen.

17. ...   Lb5—d3!
18. Sd2 × e4   Ld3 × e4
Mit Bedrohung von g2, so daß Weiß seinen Plan definitiv aufgeben muß.

19. Sb1—d2   Ke8—d7
20. Sd2 × e4   d5 × e4

121

Weiß am Zuge

Die Situation ist besonders deutlich geworden: der schwarze Turm steht auf c2 stärker denn je. Im Hinblick auf die Rückendeckung durch den anderen Turm ist seine Vertreibung praktisch unmöglich geworden. Weiß kann höchstens auf Tausch eines der Türme und damit vielleicht auf etwas Erleichterung hoffen.

Soviel über Punkt 1 des schwarzen Programms: Behauptung der zweiten Reihe und der offenen Linie. Mit Punkt 2, Realisierung der erreichten Vorteile, ist es weniger günstig bestellt, denn die zusammenarbeitenden leichten Figuren wurden im Dienste des ersten Punktes dem Tausch-Moloch geopfert. Schwarz muß also einen neuen Plan entwerfen, um seinen Vorteil zur Geltung zu bringen, dessen Grundlage wie meist in solchen Fällen die größere Beweglichkeit seines Königs ist, während der verteidigende König von Weiß gewöhnlich auf der 1. Reihe festgehalten wird.

21. Ta1—b1
Um 22. b4 und 23. Lb2 folgen zu lassen. Weiß hat kaum etwas Besseres, da z. B. 21. Kf1 (um 22. Te2

zu spielen) mit 21. ... Tfc8 beantwortet wird, wonach der weiße Turm
die erste Reihe nicht verlassen darf.

21. ...   Th8—c8
22. b2—b4   Tc8—c3
23. Kg1—f1

Sofort 23. Lb2 Tb3 kostet einen
Bauern: 24. La1 Ta3:.

23. ...   Kd7—c6!

Der König setzt sich in Bewegung.

24. Lc1—b2   Tc3—b3
25. Te1—e2   Tc2×e2

26. Kf1×e2   Kc6—b5

Der erleichternde Turmtausch ist
zu spät gekommen: Der schwarze
König dringt entscheidend ein.

27. Ke2—d2   Kb5—a4
28. Kd2—e2

Weiß muß abwarten.

28. ...   27—a5!

Neue Angriffslinien, die das positionelle Übergewicht von Schwarz
materialisieren. Es gibt kein Halten
mehr.

Dieses besonders gute Beispiel von offener Linie und 7. (2.) Reihe ist einem
Werk von Nimzowitsch, „Mein System", entnommen. Dieser leider zu früh
verstorbene Schachmeister (1935, nur 48 Jahre alt) war ein Forscher
ersten Ranges, dessen Werk im allgemeinen viel zu wenig gewürdigt wird.
Vielleicht war das große Schachpublikum vor 25 Jahren, als Nimzowitsch
seine Werke über die Strategie schrieb, noch nicht für das Schachstudium
auf diesem Gebiete reif, aber es ist gewiß ein Beweis für Nimzowitschs
Größe, wenn die von ihm entwickelten Theorien im Lichte der modernen
Auffassungen eher erhöhte denn verminderte Bedeutung bekommen haben.
Nimzowitsch legte besonderen Nachdruck auf ein paar Hauptkennzeichen
wie Blockade und Freibauer, aber auch der offenen Linie schenkte er soviel
Aufmerksamkeit, daß es für unsere Betrachtungen von Wert ist, einige
seiner Gesichtspunkte zu nennen und zu übernehmen.

Zunächst geben wir eine Zusammenfassung der Stellungen 119 und 120
Urteil von Stellung 119: Schwarz steht auf Grund der c-Linie besser, nicht
so sehr wegen der Damenposition als vielmehr durch die verschiedene
Entwicklungsweise des weißen und schwarzen Damenspringers. Sobald die
c-Linie offen ist, steht der Damenspringer auf c3 (resp. c6) besser als auf d2
(resp. d7), ja, sogar so viel besser, daß oft zwei Tempi geopfert werden,
um den Springer wieder über b1 auf das richtige Feld c3 zu bringen. Weiter
analysierend, kommt man zu der Feststellung, daß hierin einer der kleinen
Vorteile der aggressiven Zentrumsaufstellung — c4 gegenüber c6 — liegt,
oder, wie in dem vorliegenden Falle, c5 gegen c3. Der schwarze Springer
nämlich kann wohl nach c6, der weiße jedoch nicht nach c3. Als nun einmal
der Springer auf dem verkehrten Wege war (d2), wurde die c-Linie geöffnet.
Prinzipiell verdient in solchem Falle das Wiedernehmen mit dem e-Bauern
den Vorzug, doch hier würde 8. e3×d4 einen Bauern kosten. Es ist aber im
allgemeinen verständiger und taktisch vollkommen gerechtfertigt, einen
Bauern mit den damit verbundenen Gambitchancen zu opfern (8. ... Df4:,
9. Sc4 Dc7, 10. Sce5), als einen klaren positionellen Nachteil auf sich zu
nehmen — schon allein aus psychologischen Gründen. Der Gegner wird

gezwungen, einen Weg einzuschlagen, den er ganz bestimmt nicht gehen wollte, und der sich grundsätzlich von der ruhigen positionellen Linie unterscheidet, die er sich zur Richtschnur genommen hatte.

Plan: Ausnutzung der offenen Linie, sei es schnell (wie in der Partie mit Sb4, Ld7, Tc8 und Sc2) oder langsam (durch ruhige Fortsetzung der Entwicklung und spätere Konzentration: Verdoppelung auf der c-Linie; Manöver wie Sc6—a5—c4, um einen Vorposten zu bilden; Vorrücken der Damenflügelbauern usw.). Mit der letzteren Methode wird zumindest der Zeitgewinn zweier Tempi in Druck umgesetzt. Das schließliche Ziel dieser Aktion ist die Besetzung der vorletzten Reihe.

Nun zur Stellung 120.

Urteil: Wesentliches Übergewicht von Schwarz auf Grund der absoluten Beherrschung der c-Linie und der Besetzung der zweiten Reihe.

Plan: Zuerst: Behauptung der erreichten Vorteile durch Aktivität der verfügbaren leichten Figuren (Lb5, Sf6) und Mobilisierung des zweiten Turmes. Dann: kombinierte Angriffe des Tc2 und der anderen Figuren — wie in der Partie schließlich Turm und König zusammenwirkten.

Nimzowitsch macht über die offene Linie einige vortreffliche Bemerkungen und führt dabei u. a. den Begriff *„eingeschränktes Vorrücken"* auf der offenen Linie ein, der von großer Bedeutung ist und hierunter zusammen mit anderen für die offene Linie wesentlichen Faktoren an Hand eines Beispiels erläutert werden soll.

1. d2—d4 g7—g6, 2. e2—e4 Lf8—g7, 3. Sb1—c3 d7—d6, 4. Lc1—e3 Sg8—f6, 5. Lf1—e2 o—o, 6. Dd1—d2 e7—e5, 7. d4×e5 (Die offene Linie, auf der Weiß sich offenbar stärker fühlt als Schwarz.) 7. ... d6×e5, 8. o—o—o Dd8×d2†, 9. Td1×d2 c7—c6? (nimmt Weiß zwar das Feld d5, gibt aber d6 frei). (Nimzowitsch—Pritzel, Kopenhagen 1922) (s. Diagramm 122).

Es ist deutlich, daß Weiß Vorteil auf der d-Linie hat, aber wie soll er daraus Nutzen ziehen? Von einem Eindringen in die 7. Reihe kann natürlich keine Rede sein.

10. a2—a4!

Ein Flankenangriff geht oft mit der Aktion auf der offenen Linie einher. Er hat zum Ziel, schwache Punkte im Lager des Gegners und damit

122

Weiß am Zuge

gute Standplätze für die eigenen leichten Figuren zu schaffen, die dann mit den Türmen auf der offenen Linie zusammenwirken können.

10. ...	Sf6—g4
11. Le2×g4	Lc8×g4
12. Sg1—e2	Sb8—d7?

Nimzowitsch bemerkt dazu, daß
die richtige Verteidigungsaufstel-
lung für Schwarz in 12. ... Sa6,
13. ... Tfe8 und 14. ... Lf8 bestand; der letztere Zug soll d6
decken.

13. Th1—d1   Sd7—b6
14. b2—b3   Lg7—f6

Offensichtlich will Schwarz mit
Tad8 auf der d-Linie opponieren
und so den weißen Vorteil wieder
zunichte machen.

15. f2—f3   Lg4—e6
16. a4—a5!

Vereitelt die Absichten des Gegners
und motiviert den Flankenangriff
noch in anderem Sinne, als soeben
auseinandergesetzt wurde.

16. ...   Sb6—c8
17. Sc3—a4

Um nun das Feld c5 zu besetzen und
so die Aktion auf der offenen d-
Linie kräftig zu unterstützen. Ohne
den Vorstoß a2—a4—a5 würde ein
derartiger Versuch vollkommen
sinnlos gewesen sein; außerdem
zeigt sich nun klarer die Bedeutung
der Anmerkung zum 12. Zuge von
Schwarz: von a6 aus hätte der
Springer den Vormarsch des weißen
a-Bauern gehindert und das Feld c5
bekämpft.

17. ...   b7—b6!

Eine vortreffliche Parade, die sich
auf eine taktische Zufälligkeit stützt:
18. ab6: ab6:, 19. Sb6:? Sb6:, 20.
Lb6: scheitert nämlich an 20. ...
Lg5 mit Qualitätsgewinn.

18. Td2—d3! (s. Diagramm 123).
Hier sehen wir den eingeschränkten
Vormarsch auf der d-Linie: die
Türme werden über ein beliebiges
Feld auf der eroberten Linie hori-
zontal auf die Flanke gerichtet, vor

124

Schwarz am Zuge

123

den eigenen Bauern, aber im An-
gesicht der feindlichen. Damit werden die benachbarten Linien gleich-
sam ebenfalls zu offenen Linien gemacht, wobei der Angreifer den
Vorteil hat, zwischen den verschiedenen Möglichkeiten frei wählen
und eventuell die eine nach der anderen versuchen zu können. In dem
vorliegenden Beispiel kommt im
Augenblick zwar nur die c-Linie in
Betracht; aber wenn wir uns die
Bauern a5 und b3 einmal auf a2 und
b2 stehend denken, dann könnten
die Türme auch die a- und b-Linie
als Jagdgebiet benutzen. Allerdings läßt die weitere Partiefolge
erkennen, daß selbst bei der gegebenen Aufstellung der einge-
schränkte Aufmarsch auf der c-Linie sich keineswegs nur auf diese
bezieht.

18. ...   b6×a5?

Schwarz mußte mit 18. ... Tab8,
19. Tc3 c5 sein Besitztum verteidigen, wenn auch Weiß dabei das
Freiwerden des Feldes d5 als Erfolg
verbuchen konnte. Die Folgen des
Textzuges sind viel ernster.

19. Td3—c3   Sc8—e7
20. Tc3—c5!

Erneut ein eingeschränktes Vorrücken, diesmal über die c-Linie zur
a-Linie.

20. ...	Tf8—b8
21. Se2—c3	a7—a6
22. Tc5×a5	Kg8—g7
23. Sa4—b6	Ta8—a7
24. Sc3—a4	Ta7—b7

Bauernverlust ist nicht zu vermeiden; es drohte z. B. 25. Sc5 (25. ...
Tb6:?, 26. Se6:†).

25. Ta5×a6

Eindrucksvoller Triumph der offenen Linie — über *Flankenangriff*
und *eingeschränktem Vormarsch.*

Die Randlinie nimmt als offene Linie einen besonderen Platz ein. An sich
sind die außerhalb der Brettmitte liegenden Felder zwar weniger wichtig,
aber dafür befinden sie sich auch eher im Bereich eines Eroberers in spe.
Ein Feld wie d7 ist viel leichter gegen einen Eindringling zu verteidigen als
etwa a7. Die Manöver, die zweckmäßig sind, um die a- oder h-Linie zu
öffnen, gehören eigentlich in andere Abschnitte (siehe Abschnitt III und VI);
aber das nun folgende Beispiel, das beide Aktionen vereinigt, zeigt besonders
klar die strategische Methode auf der 7. Reihe, ausgehend von dem
Randfeld a7, das erobert wird (Capablanca—Treybal, Karlsbad 1929).

124

Weiß am Zuge

Ein Zweifrontenkrieg im wahrsten
Sinne des Wortes, und auf beiden
Fronten befindet sich Weiß in der
Offensive, wenngleich auf der rechten Flanke offenbar eine Ruhe-
pause eingetreten ist. Weiß behält
sich dort die Wahl zwischen h5×g6
und h5—h6† noch vor. Die Tausch-
drohung auf g6 bindet wesentliche
schwarze Streitkräfte, aber Weiß
wird diese Drohung nur dann wirk-
sam werden lassen, wenn sie positiv
Vorteil ergibt, was im Augenblick
nicht der Fall ist. Weiter kann Weiß

auch an h5—h6† erst dann denken,
wenn eine Entscheidung am anderen Flügel sicher ist. Die Wahl liegt
ganz bei Weiß, denn g6×h5 von
Schwarz würde eine beträchtliche
Verschlechterung der Lage bedeuten, weil h7 hilfsbedürftig wird.
Nach dem Herüberspielen der weißen Dame zur h-Linie müßte dann
einmal h7—h6 geschehen, was wieder die g-Linie öffnen würde —
mit allen sich daraus ergebenden
fatalen Folgen.
Weiß verschafft sich nun zuerst
neue Möglichkeiten auf dem Damenflügel:

1. b4—b5!

Stellt Schwarz vor ein schwieriges
Dilemma: Schlagen, Schlagenlassen
oder Vorgehen. Betrachten wir erst
das *Vorgehen*: 1. ... a5. Dies kostet
auf einfache Weise nach 2. b6 Dd8,
3. Dc3 Da8, 4. Sd2 nebst 5. Sb3
usw. einen Bauern.
Das *Schlagenlassen* erfordert die Dek-
kung des Bauern a6 durch Lc8, da

1. ... Dc8 wegen 2. ba6: ba6:, 3. Tb1 nebst 4. Tb6 unzureichend ist, eventuell noch unter Einschaltung des abschließenden Schachs h5—h6, um Schwarz jede Gegenchance am Königsflügel zu nehmen. Dasselbe System wäre übrigens auch nach dem stärkeren 1. ... Lc8 gefolgt, also 2. ba6: ba6:, 3. h6† Kf8, 4. Tb1 Lb7, 5. Tb6 Dc8, 6. Kg3 und 7. Tb2. Schwarz befindet sich vollkommen in der Zange.

Daraus folgt also, daß Schwarz *schlagen* muß. Da 1. ... cb5:? nach 2. h6† Kf8, 3. c6† eine Figur kostet, ist die Fortsetzung gegeben.

1. ...   a6 × b5
2. h5—h6†

Weiß schaltet aus den bereits genannten Gründen diese Abschließung ein, weil

1. bereits entscheidende Möglichkeiten auf dem Damenflügel vorhanden sind,

2. auf diese Weise Schwarz jeder Gegenchance beraubt wird.

2. ...   Kg7—f8
3. a4 × b5   Kf8—e7
4. b5—b6   Dc7—b8
5. Th1—a1

Das Bild hat sich wesentlich verändert: eine offene Linie, die Weiß eindeutig beherrscht, weil 5. ... Da8 mit 6. Db2 beantwortet wird und Schwarz durch die unglückliche Aufstellung in der 8. Reihe unmöglich einen Turm nach a8 bringen kann. Unmöglich ist vielleicht nicht ganz exakt ausgedrückt, denn in der Art eines Baukastenspiels könnte es wohl doch glücken, würde aber enorm viel Zeit kosten (De8, Kd8, De7, Te8, Df8, Ke7

oder, wenn man beide Türme nach vorn haben will: Td8, The8, Kf8, Kg8, Tf8, Tde8, Dd8, De7, Tb8, Tfc8, Df8).

5. ...   Tg8—c8
6. Da3—b4   Th8—d8
7. Ta1—a7!

Die 7. Reihe, deren Eroberung hier nicht viel Mühe gekostet hat.

7. ...   Ke7—f8
8. Th2—h1   Ld7—e8
9. Th1—a1   Kf8—g8
10. Ta1—a4   Kg8—f8
11. Db4—a3   Kf8—g8

125

Weiß am Zuge

Schwarz tat nichts anderes als abzuwarten und Weiß hat inzwischen seinen Aufmarsch vollzogen: Triplierung auf der a-Linie mit der Bereitschaft, längs der 7. Reihe zuzuschlagen. Aber wie? Weniger kompliziert, als man denken sollte. Weiß führt seinen Springer nach a5; wenn Schwarz dann mit Td7 deckt, folgt die überraschende Kombination Sb7: Tb7: Ta8! mit Damengewinn. Schwarz kann diesem Schema nur entgegenarbeiten, wenn er seinen Springer nach d8 stellt. Aber dieser Plan ist sehr schwer zu verwirklichen, denn der schwarze Turm darf nicht nach d7, um dem

Springer Platz zu machen, weil dann Ta8 sofort entscheidet. Also müßte er horizontal ausweichen: Ld7, Te8, wobei bemerkt sei, daß der Springer erst dann nach d8 gehen kann, wenn Weiß sich mit Sa5 selbst die a-Linie verstellt hat, so daß das tödliche Ta8 im Augenblick ausgeschaltet ist. Doch weist der weitere Partieverlauf auch diesen Verteidigungsplan als unzureichend nach.

Die einzige wirklich genügende Aufstellung lautet: Kf8, Sh8, Lf7, Lg8, Sf7, Te8 und nun steht Schwarz bereit, um Sa5 mit Sd8 zu beantworten, wobei durch die bessere Position des schwarzen Läufers die „Bombe" La6 unmöglich geworden ist. Dies geistreiche Baukastenspiel scheitert natürlich auch hier wieder am Zeitfaktor.

12. Kf2—g3(?)

Weiß wollte nicht unmittelbar mit 12. Sd2 fortsetzen, weil Schwarz darauf 12. ... Sg5:! (13. fg5: Dh2†) antworten könnte. Deshalb wäre der vorbereitende Zug 12. Kg2 notwendig gewesen. Der Textzug leistet nichts, weil nun auf 13. Sd2 doch 13. ... Sg5: geschehen könnte.

12. ...	Le8—d7
13. Kg3—h4	Kg8—h8
14. Da3—a1	Kh8—g8
15. Kh4—g3	

Hätte Schwarz vermutet, daß Weiß soviel Zeit verschwenden würde, dann wäre vielleicht doch das Baukastenmanöver in Betracht gekommen.

15. ...	Kg8—f8
16. Kg3—g2!	

Endlich steht der König auf dem guten Platz und nun wird es ernst.

16. ...	Ld7—e8
17. Sf3—d2!	Le8—d7
18. Sd2—b3	Td8—e8

Hier verdient bemerkt zu werden, daß 18.... Le8, 19. Sa5 Td7 wieder an 20. Sb7:!, Tb7:, 21. Ta8 scheitert.

19. Sb3—a5	Sf7—d8
20. Ld3—a6!	b7 × a6
21. Ta7 × d7	

Die Strategie der 7. Reihe hat gesiegt. Neben 22. Th7: droht auch 22. Sb3, gefolgt von 23. Ta6: und Verdoppelung auf der 7. Reihe.

21. ...	Te8—e7

Beschleunigt das Ende.

22. Td7 × d8†	Tc8 × d8
23. Sa5 × c6	

Schwarz gab auf. Gegen die verbundenen Freibauern des Gegners ist kein Kraut gewachsen.

Dieses Beispiel hat sehr deutlich erkennen lassen, welche Bedeutung die Bewegungsfreiheit im eigenen Lager hat. Weiß kann die Vorteile der offenen Linie und der siebenten Reihe realisieren, weil Schwarz nur sehr umständlich zu manövrieren vermag und deshalb gegenüber dem Angreifer enorm viel Zeit verliert.

In diesem Abschnitt sind drei Themen an der Reihe gewesen (halboffene Linie, offene Linie und vorletzte Reihe), die zwar untereinander verschieden sind, aber doch nur im Zusammenhang betrachtet werden können. Neben den vertikalen und horizontalen Linien, auf denen die schweren Figuren operieren, umfaßt das Schachbrett auch diagonale Linien, die die Domäne der Läufer und eventuell der Dame sind. Der Charakter dieser schrägen Linien ist anders geartet als zum Beispiel der der vertikalen, schon deshalb, weil eine Triplierung auf der Diagonalen naturgemäß unmöglich ist und außerdem die feindlichen Bauern den diagonalen Linien anders gegenüberstehen als den vertikalen. Eine vertikale Linie, die offen ist, bleibt offen (besondere Tauschaktionen vorbehalten); aber die diagonale Linie g2—b7 kann durch Bauern auf c6, d5, e4 oder f3 versperrt werden. Eine Behandlung der diagonalen Linien paßt deshalb nicht in den Rahmen dieses Abschnitts, aber eine Schlußbemerkung wollen wir im Hinblick auf diese doch noch anfügen. Wenn man seine Läufer auf einen feindlichen Flügel gerichtet hat (Lg2 auf b7, c6 oder Ld3 auf g6, h7), dann ist es im allgemeinen von Wert, auch seine Bauern auf dem betreffenden Flügel nach vorn zu bringen, um schließlich so die Arbeit der Läufer zu unterstützen (also in unserem Falle b2—b4—b5 gegen c6 oder h2—h4—h5 gegen g6). So wird ein Höchstmaß von Wirkung auf der diagonalen Linie erreicht. Ein Beispiel solchen Vorrückens findet der Leser in der Partie 3 des nächsten Abschnittes.

128

ABSCHNITT X

Fünf erläuternde Partien

Die Kluft, die auf jedem Gebiet zwischen Theorie und Praxis besteht, ist auch im Schachspiel vorhanden. Wer sich, bewaffnet mit der Kenntnis der vorangehenden Abschnitte, guten Mutes an die praktische Partie setzt, wird eine Enttäuschung erleben. Es glückt ihm nicht, die Mehrheit auf dem Damenflügel zu erlangen bzw. ein starkes Feld mit Beschlag zu belegen; oder wenn er doch dazu kommt, wird er gerade auf der anderen Seite des Brettes mattgesetzt. Die Kennzeichen der Theorie scheinen andere zu sein als die der Praxis, und außerdem gibt es neben den behandelten noch viele andere. Bis zu einem gewissen Grade ist dies zweifellos richtig. Die Beispiele aus den Abschnitten I—IX sind sorgfältig so gewählt, daß das betreffende Kennzeichen unvermengt zur Geltung kommt.

Die Richtlinien können dadurch sauber ausgearbeitet werden und den Zusammenhang zwischen Urteil und Plan deutlich machen. Im Abschnitt II haben wir zu diesem Thema bereits bemerkt, daß man eine Stellung mit mehreren Kennzeichen nur dann mit Aussicht auf Erfolg behandeln kann, wenn man über die Bedeutung jedes einzelnen Kennzeichens genau im Bilde ist.

Was weiter das Auftreten für uns fremder Kennzeichen angeht, so wird dies immer unvermeidlich sein, auch wenn wir noch so viele Abschnitte mit neuen Kennzeichen anfügen wollten. Es ist eben sinnlos, von „allen Kennzeichen" zu sprechen, wie etwa von einer Sammlung aller guten Eigenschaften. Jede noch so kleine Besonderheit auf dem Schachbrett kann als Kennzeichen angesehen werden und so die Grundlage für eine Urteil- und Plan-Untersuchung bilden.

Um nun zum Schluß den Übergang von der Theorie zur Praxis etwas zu erleichtern, wollen wir in diesem zehnten Abschnitt fünf aus der modernen Meisterpraxis herausgegriffene Partien besprechen. In diesen sollen einerseits die behandelten Kennzeichen und Richtlinien in mehr oder weniger unverfälschter Form zum Vorschein kommen; andererseits aber auch verschiedene neue Elemente auftreten, die einen Eindruck von dem Gebiet geben, das notgedrungen außerhalb des Rahmens unserer Untersuchungen bleiben mußte.

Sodann werden wir am Ende jeder Partie den Verlauf noch einmal rekapitulieren, indem wir in den kritischen Augenblicken nach „Urteil und Plan" fragen.

Partie Nr. 1

Weiß: Dr. M. Euwe
Schwarz: S. Reshevsky

Aus dem Turnier um die Weltmeisterschaft Moskau 1948

Nimzo-Indisch: Züricher Variante

1. d2—d4 Sg8—f6, 2. c2—c4 e7—e6, 3. Sb1—c3 Lf8—b4, 4. Dd1—c2 Sb8—c6, 5. Sg1—f3 d7—d6

In den vorigen Abschnitten wurde im allgemeinen von den Eröffnungen wenig gesprochen. Die Untersuchungen begannen erst, als sich das eine oder andere Kennzeichen herausgeschält hatte. Dieses bestimmte dann das Urteil und in Verbindung damit den Plan; aber auf welche Weise das Kennzeichen zustande gekommen war, blieb außerhalb der Betrachtung.

Die Eröffnungen bilden ein besonderes und sehr ausgedehntes Gebiet; und in diesem letzten Abschnitt wollen wir einige Bemerkungen über die Anfangsphase einer Schachpartie machen, wobei wir uns naturgemäß auf die große Linie beschränken müssen.

Die Eröffnung ist in der Hauptsache ein Kampf um den Einfluß im Zentrum: wer die Mitte beherrscht, kann seinen Figuren die größere Aktivität verschaffen und zugleich einen Raumvorteil erlangen. Beide Parteien werden nach einer bestimmten Bauernformation im Zentrum streben, die mitunter für den weiteren Partieverlauf entscheidend ist.

Aus dieser Zielsetzung geht hervor, daß im Anfang der Partie so viele Figuren wie möglich auf das Zentrum gerichtet werden sollen: *Zentralisation*. Wer eine Zentrumsformation aufbauen will, ist auf die Hilfe seiner Figuren angewiesen, um die gewünschten Zentrumsfelder bekämpfen zu können. Alle bis jetzt geschehenen Züge demonstrierten die genannten Richtlinien, auch 3. ... Lb4, wenn auch nur indirekt, indem dieser Läufer den weißen Springer fesselt und so seinen Einfluß auf das Zentrum ausschaltet.

In der vorliegenden Partie steuert Schwarz auf das Zentrum d6—e5 hin, worauf Weiß verschieden reagieren kann, wie sich bald zeigt.

6. Lc1—d2

Zur Vorbereitung von a2—a3, um bei einem eventuellen Tausch auf c3 mit dem Läufer zurückschlagen und so eine neue Figur gegen e5, den Zielpunkt des schwarzen Aufbaus, richten zu können.

6. ... o—o
7. a2—a3 Lb4 × c3
8. Ld2 × c3 a7—a5

Zweckmäßiger sieht 8. ... De7 oder 8. ... Te8 zur Vorbereitung von e6—e5 aus; allein Schwarz fürchtete darauf 9. b4, bald gefolgt von b4—b5, womit der schwarze Springer aus seiner zentralen Position vertrieben wird. Der Textzug verhindert b2—b4 und stimmt dadurch, so fremd dies im Augenblick scheinen mag, durchaus mit den Prinzipien der Zentralisation überein.

9. e2—e3?

Nun kann Schwarz sein Teilziel erreichen, was nach 9. e4 nicht der Fall gewesen wäre. Das unmittelbare 9. ... e5 würde dann nämlich einen Bauern kosten und bei der

Vorbereitung durch 9. . . . De7 kann Weiß selbst mit 10. e5 fortsetzen.

    9. . . .   Dd8—e7
   10. Lf1—d3

Dieser Zug hat das Bedenken, daß Weiß sich alsbald der Gabeldrohung e5—e4 ausgesetzt sieht.

   10. . . .   e6—e5

126

Weiß am Zuge

Schwarz hat seinen strategischen Plan durchgesetzt und Weiß muß sich nun entscheiden, wie er sich zu der schwarzen Zentrumsformation stellen soll. Im allgemeinen gibt es in dieser häufig vorkommenden Konfiguration drei Möglichkeiten: Schlagen (d4 × e5), Vorgehen (d4—d5) und Schlagenlassen. Das letztere kommt hier nicht in Betracht, weil Weiß wegen der Gabeldrohung e5—e4 Zeit verlieren müßte. Also Schlagen oder Vorgehen, welche beiden Alternativen ganz verschiedene Stellungstypen entstehen lassen. Das Vorbringen des Bauern führt zu einer geschlossenen Stellung mit äußerst schwierigen Problemen, womit natürlich nicht gesagt sein soll, daß Weiß diese Entwicklung der Partie zu fürchten hätte; doch zieht dieser hier den anderen Weg (Schlagen d4 × e5) vor, und zwar aus einem ganz speziellen Grunde: dem Vorhandensein des *Läuferpaares*. Es ist eine bekannte Erfahrungstatsache, daß zwei Läuter stärker sind als Springer und Läufer oder zwei Springer. Dieses Übergewicht vergrößert sich, sobald die Stellung einen mehr offenen Charakter trägt, und aus diesem Grunde hat Weiß an dem Vorgehen des Bauern und der damit verbundenen Schließung der Stellung kein Interesse.

   11. d4 × e5   d6 × e5
   12. o—o

Weiß braucht 12. . . . e4 wegen der Antwort 13. Lf6: (13. . . . ed3:, 14. Le7: dc2:, 15. Lf8:) noch nicht zu beachten.

   12. . . .   Tf8—e8!

Aber nun droht 13. . . . e4 wirklich.

   13. Ld3—f5

Weiß kann das Läuferpaar nicht behaupten. Auf 13. Sg5 folgt nämlich doch 13. . . . e4!, weil die Abwicklung 14. Lf6: ed3:, 15. Le7: dc2:, 16. Lc5 Te5 für Schwarz gewinnt, während 13. Sd2 e4 zu ähnlichen Konsequenzen führt. Weiter kann auf 13. Le2 13. . . . Lg4 folgen, um danach mit 14. . . . e4 fortzufahren. Schließlich kommt auch 13. e4 überhaupt nicht in Betracht, weil dies den Ld3 einschränken und das Feld d4 freigeben würde.

   13. . . .   Lc8 × f5
   14. Dc2 × f5 (s. Diagramm 127).
   14. . . .   De7—e6!

Erzwingt den Damentausch, da c4 angegriffen ist und die Deckung durch 15. Dd3 an 15. . . . e4 scheitert. Die Bedeutung dieses

127

Schwarz am Zuge

ist in großer Verlegenheit (18. b4 Sa4).

Relativ am besten war noch 16. Tfd1, wonach Schwarz seine positionelle Drohung ausführt, 16. ... a4 spielt und so den Bauer c4 seiner möglichen Deckung b3 beraubt. Ein eventuelles Se4 braucht Weiß dann allerdings nicht zu fürchten, da Le1 folgen und der schwarze Se4 mittels Sd2 vertrieben werden kann. In der Partie erweist es sich bald als ein großes Handikap für Weiß, daß er den auf e4 erscheinenden schwarzen Springer nicht zu verjagen vermag.

Schließlich kommt auch noch 16. Sg5 Td6, 17. f3 in Betracht. Der lästige Zug Se4 ist dann zwar ausgeschaltet, nicht aber das Übergewicht von Schwarz in der d-Linie.

| 16. ... | Sf6—e4 |
| 17. Lc3—b2 | f7—f6 |

Selbstredend nicht 17. ... ab4:, 18. ab4: Ta1:, 19. Ta1: Sb4:?? wegen 20. Ta8† und Matt. Jetzt aber droht Bauerngewinn auf b4, was Weiß zu einer weiteren Schwächung zwingt.

| 18. b4—b5 | Sc6—e7 |
| 19. Tf1—d1 | Te6—d6! |

Endlich beginnt der Kampf um die offene Linie, aber mit einer gänzlich abweichenden Pointe — Weiß darf nämlich nicht auf d6 tauschen, weil nach 20. Td6: cd6:! sich die c-Linie öffnet und Bauer c4 bald unhaltbar wird; z. B. 21. Tc1 Tc8, 22. Kf1 Tc5, 23. Ke2 Sc8, 24. Sd2 Sd2:, 25. Kd2:, Sb6, 26. Kd3 d5!, 27. cd5: Td5:†, und 28. ... Tb5:. Diese wichtige Einschränkung der

Tausches besteht vornehmlich darin, daß Schwarz das Feld e4 freimacht.

15. Df5 × e6   Te8 × e6

Erst jetzt hat die Stellung einen definitiven Charakter angenommen, welcher durch die offene d-Linie bestimmt wird. Also muß nun unser Abschnitt IX über offene *Linien* zur Geltung kommen: Besetzung und Beherrschung der offenen Linie und Eindringen in die 2. Reihe. Der Leser wird dies auch in dieser Partie bestätigt finden, jedoch nicht unmittelbar. Es gehen vorbereitende Scharmützel voraus, die mit Kennzeichen zweiter Ordnung zusammenhängen, die jedoch vor dem Hauptthema zunächst den Vorzug verdienen. Es handelt sich einmal um die Schwäche des Bauern c4 (nach einem eventuellen a5—a4) und weiter um die unsichere Position des Lc3 (in Verbindung mit einem gelegentlichen Sf6—e4).

16. b2—b4?

Der Nachteil dieses Zuges ist, daß sich Weiß bald zu b4—b5 gezwungen sieht, wonach c4 unheilbar schwach wird. Aber auch 16. b3(?) hätte das Problem nicht gelöst: 16. ... Se4, 17. Lb2 Sc5 und Weiß

weißen Entschlußkraft garantiert Schwarz in jedem Falle die Herrschaft über die offene d-Linie.

20. Kg1—f1   Se7—c8

Der schwarze Springer geht nach b6, um den schwachen c-Bauern aufs Korn zu nehmen.

21. Td1—c1

Weiß muß die d-Linie jetzt oder im folgenden Zuge preisgeben, da 21. Ke2 mit 21.... Sb6 beantwortet wird (22. Tac1? Td1: kostet dann einen Bauern).

Mit dem Textzug wird wenigstens 21.... Sb6 verhindert.

21. ...   c7—c5!

128

Eine besonders wirkungsvolle Fortsetzung, die das Feld b6 zu einem *starken Feld* macht; das will also heißen: unerreichbar für die weißen Figuren und Bauern und ein prächtiger Angriffsposten für den schwarzen Springer.

22. Lb2—c3

22. bc6: e. p. Tc6: hatte wieder wegen der Schwäche von c4 Bedenken, und 22. Ke2 Sb6, 23. Tc2 Tad8 sah ebensowenig verlockend aus.

22. ...   Se4×c3

Dieser Läufer könnte bei der Verteidigung des Basisfeldes d2 eine wichtige Rolle spielen und wird deshalb unschädlich gemacht.

23. Tc1×c3   e5—e4

Schwarz benutzt die Gelegenheit, den Springer auf ein ungünstiges Feld zu treiben.

24. Sf3—g1   Sc8—b6

Bevor Schwarz auf d2 eindringt, muß er sich erst die Unterstützung des anderen Turmes sichern: nach 24.... Td2, 25. Ke1 Tb2, 26. Td1 Sb6, 27. Td2 Tb1†, 28. Td1 wäre die Freude nur von kurzer Dauer gewesen.

25. Sg1—e2   f6—f5

Oder 25.... Td2, 26. Sg3 Te8, 27. Ke1 usw.

26. Kf1—e1   Ta8—d8

27. Tc3—c2

129

Ein vorläufiges Gleichgewicht ist eingetreten. Weiß hat das Eindringen über d1 bzw. d2 noch gerade verhindern können, aber das ist auch das Einzige, dessen er sich rühmen kann. Sonst nämlich hat Schwarz alle Trümpfe in der Hand. Er verfügt über das starke Feld b6, von wo aus c4 beunruhigt wird, und diese permanente Bedrohung macht es Weiß unmöglich, seine Türme auf der d-Linie aktiv einzusetzen. Er kann absolut nichts tun und muß untätig abwarten, bis Schwarz nach allmählicher Verstärkung seiner Stellung die entscheidende Aktion startet. Die weitere Folge bedarf wenig Kommentars, ist aber typisch für solche Situationen.

130

Weiß am Zuge

27. ...	Kg8—f7
28. Se2—g3	Kf7—e6
29. Sg3—f1	Td6—d3
30. Sf1—g3	g7—g5
31. Sg3—e2	Sb6—a4

Um die Stellung eventuell durch Sc3 oder Sb2 zu verstärken.

| 32. Se2—g3 | Ke6—e5 |
| 33. Sg3—f1 | h7—h5 |

Alles ebenso bedächtig.

| 34. f2—f3 |

Weiß sucht sich noch zu wehren, aber das ist für Schwarz das Signal zum Schlußangriff.

| 34. ... | Td3—b3 |

(s. Diagramm 130).
Um den Springer über b2 nach d3 zu bringen. Nachdem Schwarz die Felder d1 und d2 nicht zu erobern vermochte, wählt er sich nun das Feld d3 als Durchgangsbasis, um die Stellung seiner Figuren zu vervollkommnen.

| 35. f3 × e4 |

Die Öffnung der f-Linie kommt nur Schwarz zugute, aber die weiße Stellung ist bereits seit langem unhaltbar.

35. ...	f5 × e4
36. Tc2—f2	Sa4—b2
37. Tf2—c2	Sb2—d3†
38. Ke1—e2	Td8—f8

Schwarz hat das vorletzte Feld der offenen f-Linie in Händen und dringt dort mit entscheidender Kraft ein.

39. Sf1—d2	Tf8—f2†
40. Ke2—d1	Tb3—b2
41. Tc2 × b2	Sd3 × b2†
42. Kd1—c1	Tf2 × g2

Weiß gab auf. Er verliert bei hoffnungsloser Stellung wenigstens zwei Bauern.

Urteil und **Plan** in verschiedenen Augenblicken der Partie.
1. Nach 5. ... d7—d6

Urteil: Weiß hat im Hinblick auf das Zentrum einen kleinen Vorteil (als Folge des Anzuges).

Plan (für Weiß): Weiß muß den schwarzen Zentrumsplänen d6—e5 entgegentreten; entweder durch Vereiteln bzw. Verzögern oder im Vorbereiten einer Aktion gegen das sich bildende schwarze Zentrum. Die Ausführung dieses Planes kann zum Beispiel mit 6. a3 Lc3:†, 7. Dc3: erfolgen; nun ist der Zug e6—e5 verhindert, aber dies wäre nur vorübergehend. Wenn Schwarz 7. ... De7 spielt, ist wieder e6—e5 möglich. Darauf folgt jedoch eine Aktion gegen die Zentrumsbildung: 8. b4 e5, 9. de5: de5:?, 10. b5 mit Eroberung von e5.

In der Partie sahen wir eine andere Methode: 6. Ld2, um nach 6. ... e5 mit 7. a3 Lc3: (7. ... ed4:, 8. ab4: dc3:, 9. Lc3: spielte die weiße Karte), 8. Lc3: fortzusetzen; also auch hier wieder ein Angriff auf das gebildete Zentrum. Schwarz kommt nun nach 8. ... De7, 9. de5: de5:, 10. b4! in Schwierigkeiten (10. ... e4, 11. b5 ef3:, 12. bc6:, und in der offenen Stellung dominiert das weiße Läuferpaar).

In der Ausführung dieses Planes beging Weiß den Fehler, 9. e4 zu unterlassen, was die Zentrumsbildung d6—e5 endgültig verhindert hätte. Schwarz seinerseits vereitelte mit 8. ... a5 die indirekte Bedrohung seines Zentrums durch b2—b4.

2. Nach 14. Dc2 × f5

Urteil: Die offene d-Linie ist der Kampfplatz, auf dem die Entscheidung fallen muß. Die Herrschaft über diese Linie wird durch die Gebundenheit der schweren Figuren an anderen Punkten bestimmt. Weiß muß in dieser Hinsicht mit der Hilfsbedürftigkeit von c4 (selbst nach b3 wegen der Möglichkeit a5—a4) und Schwarz mit der Verwundbarkeit von e5 rechnen.

Plan (für Schwarz): Die Damen tauschen, um Feld e4 freizuspielen und dann Se4 folgen zu lassen. Damit wird nicht nur f7—f6 ermöglicht und so der schwarze Königsturm seiner Deckungspflicht enthoben, sondern auch der weiße Läufer auf c3 angegriffen, was Unsicherheit in die weiße Festung bringt.

Plan (für Weiß): c4 befestigen, Se4 verhindern; oder wenn dies nicht geht, dem Lc3 ein sicheres Rückzugsfeld schaffen (z. B. auf e1, nachdem Tf1 seinen Platz verlassen hat).

Wir haben aus dem Partieverlauf gesehen, daß Schwarz seine Pläne verwirklichen konnte, Weiß aber nicht.

3. Nach 21. ... c7—c5

Urteil: Schwarz hat das starke Feld b6 für seinen Springer, wodurch der weiße Königsturm an die Deckung von c4 gebunden wird, so daß Schwarz freies Spiel in der d-Linie hat.

Plan (für Schwarz): Den Springer nach b6 bringen, Türme verdoppeln, Hindernisse für das Eindringen der Türme beseitigen (z. B. 22. ... Sc3:).

4. Nach 27. Tc3—c2

Urteil: wie eben.

Plan (für Schwarz): Jeden Befreiungsversuch von Weiß vereiteln, durch Druck auf c4 oder mit anderen Mitteln. Sobald es klar ist, daß die Gegenpartei nichts unternehmen kann, alle möglichen Züge tun, welche eine spätere Abwicklung fördern. So zum Beispiel der Vormarsch am äußersten Königsflügel, welcher die Bauern dichter an das Umwandlungsfeld bringt und das Ergebnis einer von Schwarz auszuführenden Liquidation begünstigt.

Partie Nr. 2

Weiß: N. Kopylov
Schwarz: M. Taimanov

Meisterschaft der U.d.S.S.R. Moskau 1949

Slawisches Damengambit

1. c2—c4 Sg8—f6, 2. Sg1—f3, c7—
c6, 3. d2—d4 d7—d5, 4. e2—e3
Lc8—f5
Das vorläufige Zentrum ist beider-
seits aufgebaut: Weiß c4—d4 und
Schwarz c6—d5. Es ist eine ge-
wisse Spannung vorhanden, die
Weiß durch c4—c5 oder c4 × d5 und
Schwarz mit d5 × c4 aufheben kann.
Alle diese Methoden haben —
grundsätzlich betrachtet — kleine
Bedenken für den Ausführenden,
so daß es oft vorkommt, daß die
Zentrumsspannung bis tief in das
Mittelspiel bestehen bleibt.

5. Dd1—b3   Dd8—b6
Schwarz fürchtet den Doppelbauern
nicht, weil er dafür eine offene
Linie eintauscht (6. Db6: ab6:).

6. c4—c5?
Weiß fürchtet den Doppelbauern
ebensowenig, und wenn Schwarz
nun gezwungen wäre, auf b3 zu
tauschen, würde der Textzug sehr
effektvoll sein. Aber Schwarz
braucht nicht zu tauschen; er zieht
seine Dame zurück und danach
bekommt Weiß die üblen Folgen
zu spüren, die die Veränderung
der Zentrumsformation mit sich
bringt.

6. ...   Db6—c7
7. Sb1—c3   Sb8—d7
8. Lc1—d2   e7—e5!
(s. Diagramm 131).
Dieser Vorstoß zeigt deutlich den
Nachteil des 6. Zuges von Weiß:
Schwarz hat ein d5—e5-Zentrum

131

Weiß am Zuge

gebildet, daß Weiß wegen der Verwundbarkeit von c5 nicht unschädlich machen kann (9. de5:
Sc5:, 10. Dd1 Sfd7).

9. Sf3—h4?
Weiß steuert auf eine forcierte Auflösung seiner Zentrumsprobleme
hin. Er befindet sich in der unangenehmen Lage, daß er im Zentrum nichts unternehmen kann und
ständig mit e5—e4 (und eventuell
nachfolgendem Angriff auf seine
Königsstellung) rechnen muß. Aber
die hier von Weiß gewählte Methode bringt keine Auflösung, sondern nur eine Verlagerung der
Schwierigkeiten.
Der richtige Plan bestand in ruhiger
Weiterentwicklung (Le2, o—o und
wenn nötig h3), verbunden mit
oder noch besser: eingeleitet durch
eine Aktion auf dem Damenflügel
(Da3 und b2—b4 nebst evtl. b5).
Ein Handikap dabei ist allerdings,
daß der Lf5 in die weiße Stellung
hineinsieht und so die Besetzung
der b-Linie durch Tb1 verhindert.
Und darum tut Weiß am besten,
seine Unternehmung in dem Sinne
zu teilen, daß er nach b2—b4 zuerst
das schwarze Zentrum angreift.
Sobald nämlich c5 zum zweiten Male

gedeckt ist (neben d4 auch durch b4), wird d4×e5 akut. Kommt Schwarz dieser Möglichkeit mit e5—e4 zuvor, dann ist die Linie des Lf5 geschlossen — siehe später unter Urteil und Plan.

9. . . .   Lf5—e6
10. f2—f4

Die Konsequenz des vorigen Zuges, die Schwarz zu einer Erklärung zwingt, obwohl diese keineswegs ungünstig für diesen ist.

10. . . .   e5×d4
11. e3×d4   Sf6—e4!

Die Widerlegung der weißen Strategie. Es droht jetzt 12. . . . Sd2: nebst 13. . . . Df4:†, während auf 12. Le3 z. B. 12. . . . Le7, 13. Sf3 Sdf6 mit Verstärkung von e4 folgen kann. Feld e4 ist dann ein starkes Feld im Sinne des Abschnitts VIII, von dem aus die Operationen gegen die weiße Stellung fortgeführt werden können.

12. Sc3×e4   d5×e4
13. Lf1—c4   Lf8—e7

Ein giftiger Zwischenzug, der den schwarzen Vorteil vergrößert und klarstellt. Der weiße Springer hat kein Rückzugsfeld.

14. Lc4×e6   Le7×h4†
15. g2—g3   f7×e6
16. g3×h4

Natürlich würde 16. De6:† Le7 eine Figur kosten.

16. . . .   o—o—o

(s. Diagramm 132).

Lassen Sie uns einmal den Schaden besehen. Beide Parteien haben schwache Bauern, aber die weißen stehen auf schwarzen Feldern, wodurch Ld2 schlecht, sehr schlecht wird.

17. Th1—g1

132

Weiß am Zuge

Nicht 17. De6: wegen 17. . . . The8 18. Dh3 e3! mit entscheidendem Vorteil für Schwarz (19. Le3: Df4:).

17. . . .   Sd7—f6!

Schwarz beurteilt die beiderseitigen Chancen sehr scharf und opfert einen Bauern, um ein positionell günstiges Endspiel zu erlangen. Weniger gut wäre 17. . . . g6 wegen 18. h5, und Weiß löst zumindestens einen seiner schwachen Bauern auf.

18. Db3×e6†   Dc7—d7
19. De6×d7†   Td8×d7
20. Ld2—e3   Sf6—d5

Weiß hat den schlechten Läufer und Schwarz einen Springer auf einem starken Feld. Dies bedeutet mehr als genügende Kompensation für den geopferten Bauern, der zudem für Weiß ein schwacher Bauer ist.

21. Ke1—e2 (s. Diagramm 133)
21. . . .   Th8—f8

Angriff auf einen der schwachen Bauern; doch sei darauf hingewiesen, daß Schwarz den bedrohten Bauern keineswegs zu schlagen braucht. Abwicklung bedeutet immer zugleich den Tausch des starken Springers gegen den schlechten Läufer, und hierzu wird sich

133

Schwarz am Zuge

Schwarz nur entschließen, wenn er entscheidenden Vorteil erlangt. Z.B. 22. Tg5 Sf4:†, 23. Lf4: Tf4:, 24. Ke3 Th4:, 25. Tg2 Tf7 und Schwarz hat einen gesunden Mehrbauern.

22. Ta1—f1   Tf8—f5
23. Tg1—g5   Td7—f7
24. Tg5×f5

Hier versäumt Weiß die Gelegenheit, in ein etwas günstigeres Fahrwasser einzulenken: 24. Tfg1 g6 (24.... Sf4:†, 25. Lf4: Tf4:, 26. Tg7: führt ohne weiteres zum Remis) 25. h5 mit einigen Gegenchancen. Taimanov gibt hierzu die folgende Variante: 25.... Tg5:, 26. Tg5: Tf5!, 27. hg6: Tg5:, 28. fg5: hg6:, und es ist ein Endspiel von Springer gegen schlechten Läufer entstanden, das Schwarz ungeachtet des Minusbauern ausgezeichnete Gewinnchancen bietet. Der schwarze König marschiert geradewegs nach f5 und Weiß kann praktisch nichts unternehmen. Die Folgen des Textzuges sind aber noch ernster.

24. ...   Tf7×f5
25. Tf1—g1   g7—g6
26. Tg1—g4

138

Weiß verwendet seine Figuren rein defensiv, im allgemeinen keine empfehlenswerte Taktik.

26. ...   Kc8—d7
27. Le3—d2   Kd7—e6
28. a2—a3   Sd5—e7!

134

Weiß am Zuge

Umgruppierung der schwarzen Figuren: König nach d5, Turm nach h5, Springer nach f5 (ebenfalls ein starkes Feld). Wenn diese Umgruppierung vollzogen ist, wird d4 unhaltbar und danach fällt auch c5; schließlich kommt dann der Freibauer e4 zur Geltung.

29. Tg4—g3
Weiß nimmt seine letzte Gegenchance wahr: Angriff auf die schwarzen Bauern am Damenflügel, in der Tat der einzige verwundbare Punkt in der schwarzen Stellung.

29. ...   Tf5—h5
30. Tg3—b3   Th5×h4
Die Abwicklung dieses Endspiels ist nicht schwierig; nur muß Schwarz die kleinen, aber nicht ganz ungefährlichen Gegenaktionen von Weiß genau durchrechnen.

31. Tb3×b7   Th4×h2†
32. Ke2—d1
Oder 32. Ke3? Sf5† mit Figurengewinn.

| 32. ... | Se7—f5 |
| 33. Tb7×a7 | Th2—h1† |

Zugwiederholung: vielleicht fällt Weiß herein!? (34. Kc2? Sd4:†, 35. Kc3 Sb5†).

34. Kd1—e2	Th1—h2†
35. Ke2—d1	Ke6—d5
36. Ta7—d7†	Kd5—c4
37. d4—d5	Th2—h1†

37. ... cd5: scheitert an 38. c6 Th1†, 39. Le1. Jetzt ist 38. Le1 wegen 38. ... Se3† und 39. ... Sd5: nicht möglich.

| 38. Kd1—e2 | c6×d5 |
| 39. c5—c6 | Sf5—d4† |

| 40. Ke2—f2 | Sd4×c6 |
| 41. b2—b3† | Kc4—c5 |

Zu Recht hält Schwarz d5 fest.

| 42. b3—b4† | Kc5—c4 |
| 43. Td7—c7 | Kc4—d3 |

Schwarz gewinnt nun leicht mit seinen verbundenen Freibauern.

44. Tc7×c6	Th1—h2†
45. Kf2—g3	Th2×d2
46. a3—a4	e4—e3
47. Tc6—e6	Td2—b2
48. b4—b5	Tb2—b4
49. Te6—e5	d5—d4
50. a4—a5	Kd3—d2
51. a5—a6	Tb4—a4

Weiß gab auf.

Urteil und Plan in verschiedenen Augenblicken der Partie.

1. Nach 6. c4—c5?

Urteil: Schwarz steht etwas besser, weil der weiße c-Bauer auf die Deckung durch d4 angewiesen ist, wodurch dieser letztere Bauer nur mit halber Kraft wirkt. Das ist immer der Fall, wenn ein Stein mit der einen oder anderen Aufgabe belastet wird.

Plan (für Schwarz): Um schließlich diesen Vorteil auszunutzen, steuert Schwarz ungesäumt e7—e5 an.

2. Nach 8. ... e7—e5

Urteil: Schwarz ist auf Grund der größeren Elastizität seines Zentrums etwas im Vorteil.

Plan (für Weiß): Schwarz im Zentrum zur Erklärung zwingen. Dies ist möglich, sobald c5 eine zusätzliche Deckung hat, also Da3 (oder Dd1) nebst b4. Zwischendurch noch Le2, um die Rochade bereit zu haben, und h3, damit der Sf3 eventuell nach h2 kann. Setzt Schwarz später mit e5—e4 fort, dann kommt der weiße Springer über h2—f1—g3 ins Spiel, wobei es ein Plus für Weiß ist, daß der Lf5 das Feld b1 nicht mehr beherrscht. Schlägt Schwarz aber auf d4, dann nimmt Weiß mit dem Sf3 wieder und steht ausgezeichnet. Läßt Schwarz schließlich die Spannung bestehen, dann kann Weiß im richtigen Augenblick mit d4×e5 nebst Sf3—d4 das starke Feld d4 erobern. Wenn dies alles nach Wunsch verlaufen ist, wird als Auswirkung der weißen Strategie der Vormarsch b4—b5 nebst einer Aktion auf der offenen Linie akut. (Wir haben schon gesehen, daß Weiß in der Partie einer ganz anderen und weniger empfehlenswerten Idee folgte.)

3. Nach 21. Ke1—e2

Urteil: Schwarz hat einen Springer auf einem starken Mittelfeld und Weiß einen schlechten Läufer. Die weiße Mehrheit am Königsflügel (die zerrissene Dreiheit f4—h4—h2 gegen g7—h7) bedeutet hierfür keine ausreichende Kompensation.

Plan (für Schwarz): Angriff auf f4, Vereinfachung durch Tausch, wonach der schwarze König eine wichtige Rolle spielen wird. Als Folge der weitgehenden „Schlechtigkeit" des weißen Läufers verfügt er nämlich über einige Vorrangswege auf den weißen Feldern, deren Bedeutung sich noch erhöht, wenn die Türme vom Brett verschwinden.

Partie Nr. 3

Weiß: J. R. Capablanca
Schwarz: A. Lilienthal

Aus dem Turnier zu Moskau 1936

Réti-Eröffnung

1. Sg1—f3 d7—d5, 2. c2—c4 c7—c6, 3. b2—b3 Lc8—f5, 4. Lc1—b2 e7—e6, 5. g2—g3 Sg8—f6, 6. Lf1—g2 Sb8—d7, 7. o—o h7—h6, 8. d2—d3 Lf8—e7. Weiß hat eine etwas fremdartig anmutende Aufstellung gewählt, die 30 Jahre zuvor als modern bezeichnet wurde und die in der Hauptsache durch einen wesentlichen Aufschub der definitiven Zentrumsbildung gekennzeichnet wird. Wohl werden die Figuren nach dem Zentrum ausgerichtet, aber die Bauern dafür zurückgehalten. In dieser Partie zieht der weiße e-Bauer erst im 50. Zuge! Als Vorteil der modernen Methode wird hervorgehoben, daß die zurückhaltende Aufstellung im Hinblick auf die endgültige Zentrumsformation viele Möglichkeiten offen läßt und Weiß sich deshalb nach den Maßnahmen der Gegenpartei richten kann, aber dieser prinzipielle Vorteil ist in der Meisterpraxis wohl nur theoretisch geblieben. Daß indessen ein moderner Aufbau noch genügend Gift enthalten kann, würde sich zum Beispiel zeigen, wenn

Schwarz 8. . . . Ld6 gespielt hätte. Darauf wäre 9. e4! gefolgt, und nun kostet 9. . . . de4:, 10. de4: Se4:, 11. Lg7: die Rochade, während Weiß nach 9. . . . Lg4, 10. Te1 ebenfalls großen Vorteil erhält.

9. Sb1—d2   o—o
10. Ta1—c1

135

Schwarz am Zuge

Weiß kann auf zwei Arten im Zentrum vorgehen: e2—e4 und d3—d4. Am gebräuchlichsten ist wohl, e4 anzustreben (u. a. durch die Vorbereitung Dd1—c2), obwohl ein Nachteil dieser Zentrumsformation ist, daß d3 schwach werden kann (Tausch auf e4, gefolgt von dem Einfall Sd7—c5—d3). Andererseits hat die Fortsetzung d3—d4 das Bedenken, dem schwarzen Damenläufer eine schöne Diagonale zu verschaffen. In der vorliegenden Partie tut Weiß weder das eine noch das andere, sondern wartet ab, ob sich nicht eine Gelegenheit bietet, eine der Zentrumsaktionen unter günstigeren Umständen auszuführen.

10. ...   a7—a5
11. a2—a3

Um ein eventuelles a5—a4 mit b3—b4 beantworten zu können und so zu verhindern, daß Schwarz die a-Linie öffnet. Das Schlagen auf a4 kommt in solchen Stellungen kaum jemals in Betracht, weil der weiße Bauer auf a4 in der Regel unhaltbar ist, so daß Weiß mit einem schwachen Bauern auf a3 sitzenbleibt.

11. ...   Tf8—e8
12. Tc1—c2

Um der Dame Platz zu machen (siehe den folgenden Zug).

12. ...   Lf5—h7

Eine vorbeugende Maßnahme für den Fall, daß Weiß früher oder später doch e2—e4 spielen möchte.

13. Dd1—a1

Diese Verdoppelung auf der langen Diagonalen ist charakteristisch für die modernen Prinzipien, die Figuren auf das Zentrum zu richten, anstatt dieses durch Bauern zu besetzen. Mit dem Textzug drückt Weiß auf e5.

13. ...   Le7—f8

Logisch ist 13. ... Ld6, drohend e6—e5—e4, um Weiß so zu zwingen, seine abwartende Haltung aufzugeben. Schwarz entscheidet sich erst 7 Züge später zu diesem Schritt, und was inzwischen geschieht, ist wenig aufregend und könnte durch den Leser ebensogut überschlagen werden.

14. Tf1—e1

Der Ausfall 14. Se5 Se5:, 15. Le5: würde eher für Schwarz günstig

sein, da dieser Sd7 nebst f6 und später e5 folgen lassen kann.

14. ...   Dd8—b6
15. Lg2—h3   Lf8—c5
16. Te1—f1   Lc5—f8
17. Tc2—c1

Entfernt den Turm aus der Diagonalen des Lh7, so daß nun eventuell d3—d4 möglich wird.

17. ...   Ta8—d8
18. Tf1—e1   Lf8—c5
19. Te1—f1

Weiß will doch nicht d3—d4 spielen.

19. ...   Lc5—f8
20. Lh3—g2   Lf8—d6

Endlich dieser Zug, welcher eine neue Phase einleitet.

21. Sf3—e5!

Weiß darf e6—e5 keinesfalls zulassen. Man beachte, daß der Textzug hier andere Bedeutung hat als im 14. Zuge (siehe die dortige Anmerkung), weil Schwarz außer dem Springer auch noch den Läufer tauschen muß, um Sf6—d7 folgen lassen zu können.

21. ...   Ld6×e5
22. Lb2×e5   Sd7×e5
23. Da1×e5   Sf6—d7

23. ... d4 wäre wegen 24. c5 weniger gut, weil der weiße Springer über c4 nach d6 kommen würde.

24. De5—b2   Sd7—f6

Schwarz verhält sich abwartend, wahrscheinlich keine allzuschlechte Taktik. Capablanca gibt im Turnierbuch 24. ... c5 an, gefolgt von dem Manöver Sd7—b8—c6. Mit dem Schlagen auf d5 würde Weiß dann nichts erreichen, weil dies die e-Linie öffnet und e2 dem Angriff des Te8 preisgibt (25. cd5: ed5:, 26. Ld5: Te2:).

25. b3—b4!

136

Schwarz am Zuge

Wir haben hier den Fall einer halboffenen diagonalen Linie g2—a8, versperrt durch Bauern auf b7, c6 und d5. Es ist bemerkenswert, daß von solch einer halboffenen Linie in der Regel mehr Kraft ausgeht als von einer ganz offenen Diagonalen, vor allem, wenn die Sperre von zwei (anstatt drei) Bauern gebildet wird, wie es später in der Partie der Fall ist (siehe das folgende Diagramm), nachdem Schwarz seinen Bauern d5 zu Unrecht getauscht hat.

Die zu befolgende Taktik besteht darin, die Bauernbarrikade mit eigenen Bauern oder Figuren anzugreifen. Ihr Ziel ist, durch Tausch oder Vorrücken der Bauern Schwächen zu erzwingen, die von dem Lg2 auf der Diagonalen unter Feuer genommen werden können. Der Textzug ist ein Beginn; Weiß steht bereit, auf der offenen a- und b-Linie anzugreifen und den Vorstoß b4—b5 folgen zu lassen.

Man beachte noch, daß der Lh7 eine viel bescheidenere Rolle spielt als der Lg2, vor allem deshalb,

weil der Sperrbauer d5 vollkommen unantastbar ist.

25. ...   a5 × b4
26. Db2 × b4

Weiß nutzt die Gelegenheit, die Damen zu tauschen. Das ist im Interesse des nun folgenden Angriffs, dessen Bedeutung sich bei Vorhandensein zu vieler schwerer Figuren vermindert.

26. ...   Db6 × b4

Praktisch erzwungen: nach 26. ... Dc7, 27. Tb1 Te7, 28. Tb3 wird b7 zu schwach.

27. a3 × b4   Td8—a8
28. Tc1—a1

Alles planmäßig.

28. ...   Sf6—d7

Zum Schutz des bedrohten Flügels.

29. Sd2—b3   Kg8—f8
30. Ta1—a5!

Ein wichtiger Zug. Weiß bereitet die Verdoppelung vor, während der Tausch auf a5 den weißen Springer in eine starke Position bringen würde. Es ging auch 30. Ta8: Ta8:, 31. Sa5, aber der Textzug läßt mehr Möglichkeiten offen.

30. ...   d5 × c4?

Ein positioneller Fehler, der eine ganz neue Situation schafft. Richtig war 30. ... Ta5:, 31. Sa5: Tb8; auch die von Capablanca angegebene Folge 30. ... Ke7, 31. Tfa1 Ta5:, 32. Ta5: Kd6, 33. Ta7 Kc7, 34. Sa5 Tb8 bietet wenig Gefahr für Schwarz.

31. d3 × c4   Sd7—b6
32. Ta5 × a8   Te8 × a8
33. Sb3—a5! (s. Diagramm 137).

Der Angriff auf der halboffenen Diagonalen in seiner idealsten Form. Ein weißer Springer bedroht beide Sperrbauern, wodurch diese voll-

137

Schwarz am Zuge

kommen unbeweglich werden —
kostet doch ein eventuelles c6—c5
b7 das Leben und b7—b6 c6. Außerdem hat Weiß den Keulenschlag
b4—b5 in petto. Schwarz kann nur
zwischen 33. ... Tb8 und 33. ...
Ta7 wählen. Im ersten Falle gewinnt der Angriff mit *Bauern*, im
zweiten mit *Figuren*.

1. 33. ... Tb8, 34. b5 (Weiß kann
diesen Vorstoß auch noch etwas
vorbereiten, ohne seine Wirkung zu
vermindern), 34. ... cb5:, 35. cb5:
Sd5 (das einzige), 36. Ld5: ed5:,
37. Td1 Td8 (37. ... Le4, 38. f3),
38. Sb7: Tb8, 39. Sd6 Ke7, 40. Td5:,
und nun bietet weder 40. ... Td8,
41. Sf5† noch 40. ... Ke6, 41. Td2
Gegenchancen für Schwarz.

2. 33. ... Ta7 — siehe Partie.

   33. ...   Ta8—a7
34. Tf1—d1

Mit der gewaltigen Drohung 35.
Lc6:! bc6:, 36. Td8† Ke7, 37. Sc6:†
Kf6, 38. Sa7:. Bei 34. ... Ke7 wird
diese Drohung noch betont (35.
Lc6:! Ta5:, 36. ba5:, und Sb6 ist
angegriffen), während 34. ... f6
nach 35. Td8† Ke7, 36. Tb8 einen
wichtigen Bauern kostet.

   34. ...   Kf8—e8

Das einzige, aber ebensowenig genügend.

   35. Sa5 × b7!

138

Schwarz am Zuge

Eine elegante Krönung des Angriffs auf der halboffenen Diagonalen.

   35. ...   Ta7 × b7
36. Lg2 × c6†   Tb7—d7
37. c4—c5   Ke8—e7
38. Lc6 × d7   Sb6 × d7

Die Kombination hat ausreichenden
materiellen Vorteil eingebracht:
Turm und zwei verbundene Freibauern gegen Springer und Läufer.

   39. c5—c6   Sd7—b6
40. c6—c7
Es geht alles wie am Schnürchen.
Schwarz kann Figurenverlust nicht
mehr verhindern.

   40. ...   Lh7—f5
Um das Umwandlungsfeld c8 mittels 41. ... e5 doch noch zu erreichen.

   41. Td1—d8
Einfacher war 41. e4! und nun:

1. 41. ... Le4:, 42. Td8 Lb7, 43.
Tb8
2. 41. ... Lg4, 42. f3 Lf3:, 43.
Td8.

   41. ...   e6—e5
42. Td8—b8   Sb6—c8

43.	b4—b5	Ke7—d6	
44.	b5—b6	Sc8—e7	

Oder 44. . . . Kc6, 45. b7 Kc7:, 46. bc8:D† Lc8:, 47. Ta8 und die Qualität mehr muß entscheiden.

45. Td8—f8
Aufs Neue läßt Weiß einen schnelleren Gewinn aus: 45. c8D! 1. 45. . . . Lc8:, 46. b7 Le6?, 47. Td8†. 2. 45. . . . Sc8:, 46. b7, ebenfalls mit Figurengewinn.
Der Textzug gewinnt aber auch. Es folgte noch:

45. . . .		Lf5—c8
46.	Tf8 × f7	Se7—d5
47.	Tf7 × g7	Sd5 × b6
48.	Tg7—h7	Sb6—d5
49.	Th7 × h6†	Kd6 × c7
50.	e2—e4	Sd5—e7
51.	f2—f3	Kc7—d7
52.	h2—h4	Kd7—e8
53.	Th6—f6	Se7—g8
54.	Tf6—c6	

Schwarz gab auf.

Urteil und Plan:
1. Nach 20. Lh3—g2

Urteil: Es ist ein breiter Streifen Niemandsland im Zentrum, der speziell Weiß große Handlungsfreiheit läßt.

Plan (für Schwarz): Dieser Situation ein Ende machen und e6—e5 durchsetzen, um so ein deutliches und definitives Übergewicht im Zentrum zu erzielen (20. . . . Lf8—d6).

Plan (für Weiß): Die Pläne des Gegners vereiteln (21. Sf3—e5).
2. Nach 24. . . . Sd7—f6

Urteil: Lg2 wirkt auf der halboffenen Diagonalen, auf der sich verwundbare Bauern (b7, c6, d5) des Gegners befinden.

Plan (für Weiß): Angriff auf dem Damenflügel mit Figuren (28. Tc1—a1, 29. Sd2—b3) und Bauern (25. b3—b4).
3. Nach 31. d3 × c4

Urteil: Wie vordem: Lg2 wirkt auf der halboffenen Diagonalen, aber die Verwundbarkeit der Sperrbauern b7 und c6 hat sich durch den unüberlegten Tausch (30. . . . d5 × c4?) wesentlich vergrößert.

Plan (für Weiß): Angriff auf b7 und c6 mit Figuren (33. Sb3—a5) und Bauern (siehe die Variante in der Anmerkung zum 33. Zuge von Weiß).

Partie Nr. 4
Weiß: D. Bronstein
Schwarz: M. Botwinnik

22. Partie des Zweikampfes um die Weltmeisterschaft, Moskau 1951

Holländisch
1. d2—d4 e7—e6, 2. c2—c4 f7—f5, 3. g2—g3 Sg8—f6, 4. Lf1—g2 Lf8—e7, 5. Sb1—c3 o—o, 6. e2—e3 d7—d5

Die vorläufige Zentrumsformation ist bereits eine Tatsache: d4—e3 gegen d5—e6, wobei Weiß von c4 aus auf das schwarze Zentrum drückt, während Schwarz den Gegendruck auf e4 durch den Bauernvorstoß f7—f5 unterstützt hat. Die

Konsequenz des ersten ist, daß es in der Macht von Weiß steht, die Situation im Zentrum zu verändern, sei es durch c4—c5 (im allgemeinen unzweckmäßig, siehe Partie Nr. 2), sei es durch c4 × d5 nebst Vormarsch am Damenflügel (siehe Abschnitt IX über die halboffene Linie).

Die Konsequenz des zweiten (f7—f5) ist, daß der Be6 etwas geschwächt erscheint und das Feld e5 in den Bereich eines weißen Springers gerät; demgegenüber aber auch das Feld e4 zum Stützpunkt für einen schwarzen Springer wurde. Obendrein besteht durch das Vorgehen des schwarzen f-Bauern die Möglichkeit eines Damenausfalls (D.8—e8—h5) gegen die weiße Königsstellung, welcher mitunter sehr gefährlich werden kann.

7. Sg1—e2

In erster Linie gegen das soeben erwähnte Damenmanöver gerichtet; weiter hat diese Entwicklungsart gegenüber Sf3 den Vorteil, den Zug f2—f3 in Reserve zu haben. Weiß hätte auch sofort mit dem Springer nach e5 gehen können (Sg1—f3—e5), aber Schwarz würde ihn mit Sb8—d7 zum Tausch stellen und so gleichzeitig seine Schwäche e5 loswerden (plombieren), im Falle ein weißer Bauer auf e5 erscheint.

7. ...   c7—c6
8. b2—b3   Sf6—e4

Der Sprung nach e4 hat eine ganz andere Wirkung als der nach e5. Andererseits muß man bedenken, daß Weiß stets die Möglichkeit behält, den schwarzen Springer mit f2—f3 zu vertreiben, wenn dabei

auch der Lg2 vorübergehend eingeschlossen wird. Zu bemerken wäre noch, daß 8. ... Sbd7 wegen 9. Sf4 bedenklich ist (Schwäche e6!)

9.   o—o   Sb8—d7
10. Lc1—b2   Sd7—f6

139

Weiß am Zuge

Beide Parteien haben ihren Aufmarsch beendet, und nun kommt der schwierigste Teil des Kampfes: was soll man unternehmen? Der weiße Ausbau an der linken Seite weist auf eine Aktion am Damenflügel hin; der schwarze auf der anderen Bretthälfte auf einen Königsangriff.

11. Dd1—d3

Noch ein abwartender Zug, der den kleinen Nachteil hat, daß die Dame Manövern wie Se2—f4—d3—e5 im Wege steht.

11. ...   g7—g5

Schwarz faßt als erster einen Entschluß: Angriff am Königsflügel. Wie hat er sich die Fortsetzung gedacht? Vermutlich mit Dd8—e8—h5, gefolgt von Sg4 oder Ld7—e8—g6, eventuell auch f5—f4 in einem geeigneten Augenblick. Greifbare Resultate sind von diesem Unternehmen aber vorläufig nicht zu erwarten.

12. c4 × d5

Die Antwort des Weißen: Einleitung einer Aktion am Damenflügel.

12. ...   e6 × d5

Nach 12. ... cd5: unternimmt Weiß einen Angriff auf der offenen c-Linie; jetzt aber gründet sich sein Plan auf die halboffene c-Linie (Minderheitsangriff).

13. f2—f3

Bevor Weiß mit a2—a3 fortsetzt (worauf wahrscheinlich a5 gefolgt wäre), vertreibt er erst den lästigen Springer.

13. ...   Se4 × c3

Auf 13. ... Sd6 könnte 14. e4 folgen. Der allgemeine Tausch 14. ... de4:, 15. fe4: fe4:, 16. Se4: Se4:, 17. Le4: Se4:, 18. De4: sieht für Weiß in Anbetracht der offenen schwarzen Stellung nicht ungünstig aus.

14. Lb2 × c3

Nach 14. Sc3: ist 14. ... f4! sehr lästig. Außerdem paßt der Textzug am besten in die weißen Pläne (b3 —b4).

14. ...   g5—g4(?)

Das ist von zweifelhaftem Wert. Wohl bedeutete 15. e4 vielleicht eine kleine Drohung (vergleiche die Anmerkung zum 13. Zuge von Schwarz), aber diese war mit 14. ... Le6 ausreichend zu parieren (15. e4 de4:, 16. fe4: fe4:, 17. Le4: Se4:, 18. De4: Ld5!). Der Textzug kommt schließlich darauf hinaus, daß Schwarz unter Preisgabe von f4 das Feld e4 erobert. Im Hinblick auf die Angriffspläne gegen den weißen Königsflügel bedeutet dies für Schwarz keinen günstigen Feldertausch, selbst wenn man in Betracht zieht, daß er noch einige Angriffschancen auf den schwachen weißen e-Bauern bekommt.

146

15.   f3 × g4   Sf6 × g4
16. Lg2—h3   Sg4—h6

Schwarz mochte 17. Lg4: fg4: nicht zulassen, denn nach 18. e4 würde er in Schwierigkeiten kommen (wie bereits oben ausgeführt), um so mehr, als Weiß hier über das Feld f4 verfügt.

Es ist Pech für Schwarz, daß der Springer nicht über f6 sofort nach e4 hüpfen kann. Später muß er zwei Züge verlieren, um von dem Außenposten h6 nach e4 zu gelangen.

17. Se2—f4   Le7—d6
18. b3—b4

Der bekannte Minderheitsangriff.

18. ...   a7—a6
19. a2—a4   Dd8—e7
20. Ta1—b1

Alles nach dem normalen Programm. Möglich war auch sofort 20. b5, doch läuft dieser Vorstoß nicht davon.

20. ...   b7—b5?

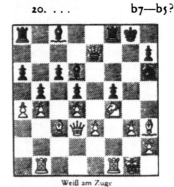

140

Weiß am Zuge

Ein positioneller Fehler. Zwar wird die weiße Aktion gestoppt, doch treten dafür viel ernstere Nachteile auf: die Schwäche c6 und die Öffnung der a-Linie in einem Weiß genehmen Augenblick.

Richtig war 20. ... Ld7 mit vermutlich wohl haltbarem Spiel. Der Textzug wäre nur dann zweckmäßig gewesen, wenn Schwarz bald seinen Springer nach e4 bringen könnte; aber dieser steht noch weit entfernt.

21. Lh3—g2

Droht unmittelbar 22. Sd5:, eventuell nach Tausch auf b5. Vielleicht aber versprach 21. Tb2 nebst 22. Ta1 noch mehr.

21. ...　　　　　Sh6—g4

Mit Tempogewinn (Angriff auf e3).

22. Lc3—d2　　　Sg4—f6
23. Tb1—b2

Um dem Tf1 Raum zu geben.

23. ...　　　　　Lc8—d7

Das Matchbulletin weist auf 23. ... Se4 hin, weil nach 24. Le1 der Tf1 abgeschnitten wäre. Weiß hat aber Besseres: 24. Ta1 Sd2:, 25. Dd2:, gefolgt von 26. Sd3.

24. Tf1—a1　　　Sf6—e4
25. Ld2—e1　　　Tf8—e8
26. Dd3—b3

Zur Deckung von b4, so daß Tb2 für die Verdopplung auf der a-Linie frei wird.

26. ...　　　　　Kg8—h8
27. Tb2—a2

Der Angriff entwickelt sich nach den Regeln der Gesetzmäßigkeit; es droht jetzt Bauerngewinn durch 28. ab5:.

27. ...　　　　　De7—f8?

Deckt den Ta8 und pariert deshalb die weiße Drohung. Diesem Versuch, auf der a-Linie standzuhalten, hätte jedoch 27. ... Lf4:! voraufgehen müssen, denn nun spielt der weiße Springer eine wichtige Rolle. Wir konstatieren noch einmal die

Überlegenheit einer aggressiven Aufstellung (a4—b4) gegenüber der defensiven (a6—b5). Weiß hat seine Türme auf der a-Linie verdoppelt, und Schwarz kann dies nicht nachahmen (27. ... Ta7?, 28. ab5:). Er ist also auf der a-Linie zu einer Passivität verurteilt, die seine wichtigsten Figuren wirkungslos macht.

28. Sf4—d3!

Um den Springer nach dem zentralen Feld e5 zu bringen, wo er entscheidend einzugreifen droht. Schwarz kann ihn nicht unschädlich machen, ohne ernste Gefahren auf der Diagonalen c3—h8 heraufzubeschwören.

Man beachte noch, daß Weiß die Kombination 28. ... ba4:, 29. Ta4: c5 nicht zu fürchten braucht, weil einfach 30. bc5: La4:, 31. Ta4: folgt. Er erobert dann noch d5 und gewinnt mit seinen zwei verbundenen Freibauern leicht.

20. ...　　　　　Ta8—b8

Schwarz gibt die a-Linie auf. Er hat keine vernünftigen abwartenden Züge, und Weiß kann immer mit 29. Se5 fortfahren.

29. a4 × b5　　a6 × b5
30. Ta2—a7

Schwarz am Zuge

141

Die 7. Reihe.

30. ...   Te8—e7

Auf 30. ... Ta8 folgt ebenfalls sehr stark 31. Se5!

31. Sd3—e5   Ld7—e8?

Beschleunigt das Ende; nach 31. ... Le5:, 32. de5: Le6, 33. Dc2 jedoch wäre Schwarz einem langsamen Siechtum entgegengegangen.

32. g3—g4!

Der entscheidende Durchbruch, der vor allem den Le1 aktiviert. Es droht Lh4, wonach Schwarz die 7. Reihe seinem Gegner überlassen muß, was fatale Folgen haben wird.

32. ...   f5 × g4

In Zeitnot versäumt Schwarz 32. ... Dg7, womit die 7. Reihe auf Kosten eines Bauern zu halten war (33. Te7: De7:, 34. gf5: Le5:? 35. de5: De5:, 36. Ta7 usw.).

33. Lg2 × e4   d5 × e4
34. Le1—h4!

Der Kernpunkt der weißen Strategie, die nach umkämpfter und eroberter a-Linie nun auch die um-

strittene siebente Reihe „absolut" zu besetzen droht.

34. ...   Te7 × e5

Ein Verzweiflungsopfer. Nach 34. ... Ta7:, 35. Ta7: wäre die Drohung 36. Sf7† nur mit 35. ... Le5: zu parieren, was jedoch nach 36. de5: (drohend Lf6†) ebenfalls wesentliches Material kostet.

35. d4 × e5   Ld6 × e5
36. Ta1—f1   Df8—g8

Andere Möglichkeiten kommen auf dasselbe hinaus:

1. 36. ... Dd6, 37. Lg3! Lg3:, 38. Dc3† Le5, 39. De5:†! De5:, 40. Tf8 matt.

2. 36. ... Dh6, 37. Lg3 Lg3:, 38. Dc3† usw.

37. Lh4—g3!

Ein eleganter Schlußzug. Schwarz darf das Damenopfer wegen Matt in zwei Zügen nicht annehmen (38. Tf8† und 39. Le5:).

37. ...   Le5—g7
38. Db3 × g8†

Schwarz gab auf.

Urteil und Plan:

1. Nach 10. ... Sd7—f6

Urteil: Weiß hat die größere Freiheit auf dem Damenflügel, Schwarz auf dem Königsflügel.

Plan (für Weiß): Angriff auf dem Damenflügel (c4 × d5 nebst b3—b4—b5).

Plan (für Schwarz): Angriff auf dem Königsflügel (g7—g5, eventuell gefolgt von Dd8—e8—h5).

2. Nach 20. ... b7—b5?

Urteil: Weiß ist klar im Vorteil, hauptsächlich wegen der Aufstellung a4—b4 gegenüber a6—b5, die ihm gestattet, die a-Linie in einem günstigen Augenblick zu öffnen.

Plan (für Weiß): Türme in der a-Linie verdoppeln; zuvor b4 genügend decken. Das schließliche Ziel dieser Aktion ist das Eindringen in die 7. Reihe.

3. Nach 30. Ta2—a7

Urteil: Weiß hat einen Turm auf der 7. Reihe.

Plan: Die 7. Reihe mit Zügen wie Se5 und g4 nebst Lh4 ganz zu erobern. Bei diesen Aktionen befindet sich Weiß naturgemäß im Vorteil, weil verschiedene Figuren an die Verteidigung der 7. Reihe gebunden sind und doppeltes Schlagen auf e5 die Diagonale des weißen Damenläufers mit allen dabei entstehenden Konsequenzen öffnen würde.

Partie Nr. 5

Weiß: Dr. S. Tartakower
Schwarz: Dr. M. Euwe

Aus dem Turnier zu Venedig 1948

Italienisch

1. e2—e4 e4 e7—e5, 2. Sg1—f3 Sb8 —c6, 3. Lf1—c4 Lf8—c5, 4. c2—c3 Lc5—b6, 5. d2—d4 Dd8—e7, 6. o —o d7—d6, 7. h2—h3 Sg8—f6, 8. Tf1—e1 o—o

142

Weiß am Zuge

Ein bekannter Stellungstyp: d4—e4 aggressiv gegen d6—e5 defensiv. Weiß hat also die Möglichkeit, die Zentrumsformation mit d4—d5 oder d4 × e5 zu verändern. Da beide Fortsetzungen den Lb6 zur Wirkung bringen, kommen sie vorerst nicht in Betracht. Die Chance für Weiß liegt vielmehr im Erzwingen der dritten Möglichkeit e5 × d4, die eine für Schwarz außerordentlich ungünstige neue Lage schafft. Der weiße Bauer e4 wird dabei beweglich, und damit sind allerlei Angriffschancen für Weiß verbunden.

9. Sb1—a3!
In Verbindung mit dem folgenden Zuge eine originelle Art, nach Verwirklichung des soeben genannten Planes zu streben. Daneben liebäugelt Weiß eventuell mit Sc2—e3 —d5.

9. ...   Sc6—d8
Besser war 9. ... Kh8, worauf 10. Lf1 wegen 10. ... ed4:, 11. cd4: Se4: nicht gut möglich war. Die Idee des Textzuges ist, c7—c6 zur Verfügung zu haben, falls Weiß zu dem erwähnten Manöver Sa3—c2 —e3—d5 greift.

10. Lc4—f1
Jetzt empfiehlt sich 10. ... ed4:, 11. cd4: Se4: nicht wegen 12. Sg5 nebst 13. f3 (welche Variante scheitert, solange der schwarze Damenspringer noch auf c6 steht und auf d4 zu schlagen droht).

10. ...   Sf6—e8?
Besser war 10. ... Sd7, wie sich bald zeigt. Mit dem Textzug will Schwarz f7—f6 ermöglichen und so den Bauern e5 für alle Fälle sichern.

11. Sa3—c4   f7—f6
Schwarz hat e5 befestigt, und es scheint, als ob Weiß mit seiner vor drei Zügen eingeleiteten Aktion nichts erreicht hat.

12. a2—a4!
Ein typische Methode, um von der vorübergehenden Unbeweglichkeit des Lb6 zu profitieren. Die Drohung a4—a5 nötigt einen der Bauern a7 oder c7, die Deckung des Läu-

149

fers aufzugeben, und damit büßt Schwarz einen Bauern ein. Hätte er seinen Königsspringer nach d7 gebracht (statt e8), dann wäre er ohne materiellen Verlust davongekommen, obschon seine Aufstellung (Sd7, Sd8, Lc8) nicht leicht zu entwirren ist.

12.	...	c7—c6
13.	Sc4 × b6	a7 × b6
14.	Dd1—b3†	Sd8—e6
15.	Db3 × b6	g7—g5!

143

Weiß am Zuge

Ein bekanntes Rezept: Man greife den durch h2—h3 geschwächten Flügel mit g7—g5—g4 an. Schwarz entschließt sich um so leichter dazu, als er nach seinem Rückschlag in den vorhergehenden Zügen doch nichts mehr zu verlieren hat.

16. Lf1—c4

Weiß nimmt die Sache etwas zu leicht; er sollte den Lf1 in der Verteidigung lassen und mit 16. g3 fortsetzen, wodurch der Sprung nach f4 auf wirksamere Weise verhindert wäre, als dies bei der Textfolge der Fall ist.

16. ...   h7—h6

Um auf 17. de5 mit dem f-Bauern wiedernehmen zu können.

17. h3—h4   Kg8—h7

150

Nun hat 17. ... g4 keinen Sinn mehr, weil die Bedeutung dieses Zuges in der Öffnung der g-Linie lag.

18. h4 × g5?

Das steht im Widerspruch mit den Prinzipien der Verteidigung: Weiß öffnet die h-Linie für seinen Gegner.

18. ...   h6 × g5
19. d4 × e5   d6 × e5

Hierauf hatte Weiß gespielt; die f-Linie ist geschlossen geblieben, und Weiß kann auf der Diagonalen a3—f8 operieren. Eine nähere Prüfung zeigt jedoch, daß dazu keine Zeit ist; z. B. 20. b3 Th8, 21. La3 Df7, und es droht bereits 22. ... Dh5.

20. Lc1—e3   Tf8—h8
21. g2—g3?

Eine neue freiwillige Schwächung des Königsflügels. Das Beste war die sofortige Flucht Kg1—f1—e2.

21. ...   Kh7—g6
22. Kg1—g2

Um 22. ... Dh7 mit 23. Th1 zu beantworten, aber Schwarz hat noch andere Pfeile im Köcher.

22. ...   Se6—f4†

144

Weiß am Zuge

Ein auf der Hand liegendes Opfer, das mit den in den Abschnitten V und VI niedergelegten Grundsätzen in Übereinstimmung steht: Der weiße Schutzbauer g3 wird aus dem Wege geräumt und zugleich dem Lc8 Gelegenheit gegeben, mit Tempogewinn einzugreifen.

23. g3 × f4   Lc8—h3†
24. Kg2—g3

Nach 24. Kg1 gf4: ist die Lage für Weiß hoffnungslos, da Schwarz mit 25. . . . Dg7 auf der g-Linie zu entscheiden droht.

24. . . .   e5 × f4†
25. Le3 × f4   De7—d7

Die Mattdrohung auf g4 hat ein weiteres Abbröckeln der weißen Streitkräfte zur Folge: der Springer muß nach h2, wo er inaktiv steht und ein willkommenes Angriffsobjekt darstellt.

26. Sf3—h2   g5 × f4†
27. Kg3 × f4   Th8—h4†

Schwarz muß so energisch wie möglich fortsetzen, weil auch sein eigener König unsicher steht und durch Tg1† bedroht ist.

28. Kf4—e3

Andere Möglichkeiten:
1. 28. Kf3 Lg2†!, 29. Kg2: Dh3†, 30. Kg1 Dh2:†, 31. Kf1 Dh1†, 32. Ke2 De4:†, 33. Kd2 Dc4: usw.
2. 28. Kg3 Tg4† und nun
 a) 29. Kf3 Lg2†, 30. Ke3 (oder Ke2), Te4: matt.
 b) 29. Kh3: Tg5†, 30. Kh4 Dh7 matt.

28. . . .   Lh3—g2
29. Sh2—f3   Th4 × e4†!

(s. Diagramm 145).
Weiß hatte sich eine neue Verteidigungslinie aufgebaut, die mit dem Textzug zertrümmert wird. Der weiße König sieht sich danach dem

145

Weiß am Zuge

direkten Angriff dreier schwarzer Figuren gegenüber, wobei die exponierte Stellung der Db6 ein besonderes Handikap bedeutet.

30. Ke3 × e4   Se8—d6†
31. Ke4—d3

Falls 31. Kf4, dann 31. . . . Df5†. Weiter scheitert 31. Ke3 an 31. . . . Sc4:† und 31. Kd4 an 31. . . . Sc8†.

31. . . .   Dd7—f5†
32. Kd3—d4   Df5—f4†
33. Kd4—d3

Oder 33. Kc5? Dc4:†, 34. Kd6: Dd5† und nun
1. 35. Kc7 Dd8†, 36. Kb7: Dc8 matt.
2. 35. Ke7 Df7†, 36. Kd6 Df8†.
 a) 37. Kd7 (oder Ke6) Lh3† usw.
 b) 37. Te7 Td8†, 38. Ke6 Lh3 matt.

33. . . .   Df4 × c4†
34. Kd3—c2   Lg2 × f3

Der schwarze Angriff ist vorläufig zwar zum Stillstand gekommen, aber die Bilanz der Kampfhandlungen fällt nicht ungünstig aus: Springer und Läufer gegen Turm und Bauer bei vielversprechender Stellung.

Die weiße Gegenaktion 35. Tg1† Kf7, 36. Dc7† Ke6, 37. Tae1†

leistet nun wegen 37. ... Le4†!,
38. Kc1 Ta4: usw. nichts.

35. b2—b3

35. Dd4 führt nach Damen-
tausch zu einem verlorenen Endspiel.

35.	Lf3—e4†
36. Kc2—b2	Dc4—d3
37. Te1—g1†	Kg6—f7
38. Ta1—c1?	

Gibt dem Gegner Gelegenheit zu
einer eleganten Schlußkombination.
Ungenügend wäre auch:

1. 38. Tad1, Dc2†
   a) 39. Ka1, Ta4:†!, 40. ba4:
      Da4:†, 41. Kb2 Sc4†, 42.
      Kc1 Dc2 matt.
   b) 39. Ka3 Sc4†!, 40. bc4: Ta4:
      matt.
2. 38. Dc7† Ke6, 39. Tac1 Dd2†,
   a) 40. Ka3 Sb5† usw.
   b) 40. Ka1 Sc4! und gewinnt.

Doch konnte Weiß mit 38. Dc5!
noch standhalten, da 38. ... Dc2†,
39. Ka3 Sb5†, 40. Kb4 nichts ergibt.
Schwarz tut dann am besten, mit
38. ... Dd2†, 39. Ka3 Dd5 ein
Endspiel anzusteuern.

| 38. .... | Dd3—d2† |
| 39. Kb2—a3 | |

Urteil und **Plan:**

1. Nach 8. ... o—o

Urteil: Weiß steht im Zentrum etwas aggressiver, kann aber davon nur
profitieren, wenn Schwarz zum Aufgeben des Stützpunktes e5 gezwungen ist.
Plan (für Weiß): Den Springer nach c4 bringen mit gleichzeitiger Geltend-
machung einer taktischen Pointe, die auf der Unbeweglichkeit des Lb6
beruht — wobei Weiß bereit sein muß, eventuell einen anderen Kurs zu
steuern, indem er seinen Damenspringer über c2—e3 (oder c4—e3) nach
d5 bringt.

2. Nach 15. Db3 × b6

Urteil: Weiß hat einen Mehrbauern, aber sein Königsflügel ist durch h2—h3
geschwächt.

Wenn 39. Ka1, dann 39. ... Sc4,
40. Db7:† Ke6 und nun
1. 41. bc4: Ta4: matt.
2. 41. Tb1, Dc3:†, 42. Ka2
   Ta4:†, 43. ba4: Da3 matt.

| 39. .... | Sd6—c4†! |

146

Mit diesem und dem unmittelbar
darauffolgenden Opfer wird nun
auch noch die Verschanzung des
weißen Königs am Damenflügel
vernichtet.

40. b3 × c4	Ta8 × a4†!
41. Ka3 × a4	Dd2—a2†
42. Ka4—b4	Da2—b2†

Weiß gibt auf, da auf 43. Ka5,
43. ... Da3 matt folgt und 43. Kc5
Df2:† die Dame kostet (44. Kb4
Db6:†, 45. Ka3 Lc2! usw.).

Plan (für Schwarz): Den weißen Königsflügel mit g7—g5—g4 angreifen, eventuell unterstützt durch Se6—f4.

3. Nach 22. Kg1—g2

Urteil: Die weiße Königsstellung ist ernstlich geschwächt, und Schwarz hat im Augenblick mehr Kräfte zur Verfügung; er darf jedoch nicht abwarten, bis Weiß seine Verteidigung durch etwa 23. Th1 verstärkt.

Plan (für Schwarz): Vernichtung der weißen Schutzwehr durch das Opfer Sf4†, um ein unmittelbares Eingreifen der Angriffsfiguren zu ermöglichen.

4. Nach 29. Sh2—f3

Urteil: Der weiße König ist schlecht geschützt, und die leichten Figuren von Weiß stehen ungedeckt. Die Dame auf b6 kann leicht einem Doppelangriff des Springers ausgesetzt sein.

Plan (für Schwarz): Den Schutzbauer e4 durch ein Opfer beseitigen und alle verfügbaren Kräfte in den Kampf werfen.

Schnappschüsse aus der Praxis

In diesem Schlußkapitel, das mit Genehmigung des Autors Prof. Dr. M. Euwe von dem Berliner Altmeister Kurt Richter verfaßt wurde, sind eine Reihe interessanter und lehrreicher Situationen aus der aktuellen Praxis mit Bezug auf das Thema dieses Buches erläutert.

Der springende Punkt

147

Reicher—Szpakowska
(Frauenturnier, Polen 1967)

Bei gleichen Bauern ist hier nur die Frage, ob der Bauer c2 stark oder schwach ist. Käme Weiß ungestraft zu Ld3, wäre das Schicksal des Freibauern besiegelt. Der Plan von Schwarz muß also dahin gehen, den Zug Ld3 durch die in der d-Linie mögliche Fesselung (Tc5—d5!) zu verhindern. Statt dessen geschah

1. Tg1	Tc7
2. Tc1	Lh7?

(Also hat die weiße Lauertaktik Erfolg gehabt! Schwarz konnte einfach wieder 2. . . . Tc5! ziehen.)

3. Ld3!

Jetzt geht dieser Zug, und damit ist die Partie praktisch entschieden, da nun der Bc2 unweigerlich fällt. Weiß gewann.

Wenn zwei dasselbe tun . . .

148

Webb—Pritchett
(Glorney Cup, Brecon 1967)

Ein oberflächliches Urteil würde die Stellung wohl als etwa gleich einschätzen, da Schwarz zu Tf2: kommt, während Weiß erst seine Türme verdoppeln muß. Aber dennoch ist die weiße Verdoppelung von ungleich größerer Kraft, da sie unmittelbar den schwarzen König bedroht. Dies mußte Schwarz erkennen und seinen Plan danach einrichten, was er aber nicht tat. Es geschah

| 1 ... | Tb1†(?) |

(Schwarz will f2 mit Schach nehmen, was praktisch aber auf dasselbe herauskommt, als wenn er gleich genommen hätte. Der richtige Plan bestand darin, dem schwarzen König Raum zu verschaffen, also 1. ... h5! 2. Tc8† Kh7 3. Taa8 Kh6! 4. h4 Lh7, und die Mattgefahr ist gebannt.)

2. Kg2	T1b2?
3. Ta8†	Kh7
4. Tcc8	Tf2:†
5. Kg1.	

(Nun kann Schwarz das auf h8 drohende Matt nur durch Hergabe des Läufers abwehren.)

5. ...	Lh5
6. Lh5:	g6
7. Th8†	Kg7
8. e5!	

(Macht, wie der Berliner sagt, „die Bude wieder zu". Geben die schwarzen Türme Schach, so wandert der weiße König nach e1.)

| 8. ... | f5. |

(Die einzige Möglichkeit, dem keineswegs fidelen Gefängnis zu entkommen. Allerdings könnte Schwarz vorher noch mit 8. ... Tg2† 9. Kf1 den Turm aus der f-Linie bringen und dann nach 9. ... f5 10. ef6: ep. † mit Kf6: den weißen f-Bauern schlagen; aber in diesem Falle zieht Weiß nicht 10. ef6: ep. †, sondern 10. Thd8! mit Mattdrohung, die auch bei

10. ... gh5: bestehen bleibt: 11. Td7† Kg6 12. Tg8‡.)

| 9. ef6: ep. †. |

(Offenbar hält dies Weiß jetzt für noch stärker als Thd8.)

| 9. ... | Kf7 |

(Kf6:, Thf8† nebst Tf2:.)

10. Thf8†	Ke6
11. Lg4†	Kd6
12. Tfd8†	Ke5
13. Ta5†.	

Schwarz gab auf, denn bei 13. ... Kf6: folgt wieder Tf8†, und bei 13. ... Ke4 wird Schwarz mattgesetzt: 14. Td4† Ke3 15. Te5‡. Sehr instruktiv!

Der Plan — und die Analyse

149

R. D. Keene (England)—S. Smiltiner (Israel)
(Schacholympia Havanna 1966)

Ein Blick hinter die Kulissen solcher Länderkämpfe nach Mitteilungen von William R. Hartston in „Chess".
In obiger Stellung wurde die Partie abgebrochen, nachdem Smiltiner schon klar auf Gewinn stand und durch einen Fehler seinem Gegner noch unverhoffte Chancen ein-

räumte. Indessen analysierte die englische Mannschaft nun doch nicht mit dem notwendigen Elan, da sie die Position noch immer als verloren ansah: z. B. 1. Sd7† Kg7 (Bei Kg8 entscheidet 2. Sf6† Kg7 3. Sh5†! nebst 4. Te8‡) 2. f6† Kg6 3. Se5† Kh5 (Kf6: 4. Se8† Kf5 5. Ld7‡) 4. Lf3†, aber 4. ... g4! Zerstört das Mattnetz und macht die Sache für Weiß hoffnungslos. Ergo versuchte Keene nach Wiederaufnahme der Partie

   1. Sd7†   Kg7
   2. f6†   Kg6
   3. Lf3

in der Hoffnung, sein Gegner würde den befreienden Zug

   3. ...   g4!

nicht sehen. Aber dieser machte den Zug, und Weiß gab auf.

Nun hatte das kanadische Team, angetan von der reizvollen Stellung, sich ebenfalls damit beschäftigt — aber im Glauben, den Schlußteil einer weißen Gewinnkombination vor sich zu haben und nicht eine durch Fehler zufallsbetonte Lage. Und unter diesem psychologischen Stimulans gelang den Kanadiern ein prächtiger Gewinnnachweis: 1. Sd7† Kg7 2. f6† Kg6 3. Se5† Kh5 4. Se8!! (Der Zug, den die Engländer nicht gesehen hatten.) Es droht Sg7‡, und nach 4. ... g4 5. h4! gh3: ep. 6. Lf3† Kg5 7. Sf7:† Kg6 8. Se5† wird der weiße f-Bauer zu stark. Man sehe 8. ... Kg5 9. f7 Dc5 10. Sd7 Df2 11. Te5† Kg6 12. Lh5‡.

Schwarz hätte also auf 3. Se5† die Dame hergeben müssen, immerhin

noch mit einem Mehrbauern im Endspiel, jedoch mit guten Remischancen für Weiß. Man sieht an diesem Exempel, wie schwer es ist, ein objektives Urteil zu fällen.

Er merkt die Absicht ...

... und ist keineswegs verstimmt!

150

Zinser—Karaklaic (Monaco 1967)

Weiß hatte soeben Te1—e2 gezogen. Schwarz beurteilte diesen Zug richtig, als er vermutete, der Gegner wolle mit Te2—d2 die zum Remis neigende Stellung weiter vereinfachen. Darauf baute er einen raffinierten Plan:

   1. ...   Td6!

(In Erwartung von Td2 wird der Turm auf ein gedecktes Feld geführt.)

   2. Td2??

(„Plangemäß" — aber hier wäre Inkonsequenz besser am Platze gewesen!)

   2. ...   Se5!!

Nun steht Weiß vor dem unlösbaren Dilemma, den Sf3 zu retten, ohne den Td2 zu verlieren, und umgekehrt. Er gab deshalb die Partie auf (z. B. 3. Td6: Sf3:† 4. Kg2, und nun sichert der abermalige Zwischenzug Sh4†! das Pferdchen). „Gedanken lesen" ist auch eine Kunst im Schach!

Eigenartige Doppeldrohung

151

Cholmow—Taimanow (Leningrad 1967)

Materielles Urteil: leichtes Plus für Weiß (Qualität gegen Bauer). Positionelles Urteil: Undurchsichtige Lage mit Chancen für beide Teile. Solche Stellungen balancieren immer an der Grenze; ein Fehler kann schnell entscheiden. So auch hier:

1. ...	Dg2:?

(Um die materielle Bilanz in etwa auszugleichen. Aber positionell begibt sich Schwarz damit auf die Verliererstraße. Richtig war Dg4!)

2. Dg7!	

(Sehr peinlich für Schwarz, da neben De7: plötzlich auch h4—h5! droht.)

2. ...	Ld8
3. h5!	Df3.

(Spekuliert noch auf den folgenden

Turmzug nach h4, doch Weiß läßt nicht mehr locker.)

4. h6	Th4
5. The1!	d5
6. c4!	d4
7. c5	Kc8
8. h7!	Dh6
9. Td4:	Dh7:
10. Td7:!	

Schwarz gab auf. „Und das Unglück schreitet schnell", wenn man erst einmal einen falschen Plan gefaßt hat.

Ein wesentlicher Unterschied

152

J. Hvenekilde—B. Andersen (Vejle 1967)

Der erste Eindruck täuscht: denn nicht Weiß steht mit seiner Figureninsel in der linken oberen Bretthälfte besser, sondern Schwarz. Und warum? Weil die weißen Figuren fürs Auge zwar gut postiert erscheinen, aber nur geringe Wirkung haben. Weiß sollte daher mit 1. La6! Lc8 2. Lc8: Kc8: 3. Sc4! auf Vereinfachung und gleichzeitig „Aktivierung" spielen. Aber er faßte einen falschen Plan: er suchte den Gegner zu überlisten, und fiel dabei selbst herein! Es geschah

1. h3?

(In Erwartung von 1. ... Td1?
2. hg4:! Te1:† 3. Kf2, und Schwarz
könnte den Te1 und den Lf5 nicht
gleichzeitig retten.)

1. ...   Te3:!!

(Auf diesem Umwege geht es auch,
und wer da meint, es sei praktisch
dasselbe und Weiß behielte Recht,
der wird sogleich eines besseren
belehrt: der freigewordene Bauer
e4 macht das Rennen!)

2. hg4:?

(Weiß sieht nicht den Unterschied,
der bekanntlich in der Differenz
liegt, sonst hätte er besser 2. Teb1
gezogen.)

2. ...   Te1:†
3. Kf2

(So weit hatte Weiß gesehen;
Schwarz aber — einen Zug weiter!)

3. ...   e3†!!

(Das war des Pudels Kern!)

4. Ke1:   Lg4:!

(Überraschend taucht die Mattdrohung Td1 auf!)

5. Tb1   e2!

(Verstärkung des Feldes d1!) Weiß
gab auf; gegen 6. ... Td1 ist kein
Kraut gewachsen. Bestrafte „Kurz-
sichtigkeit"!

Typisch und — originell

Wenn sich zwei Damen „verdeckt"
gegenüberstehen, muß der Spieler,
dessen Dame ungedeckt ist, immer

vor unliebsamen Überraschungen
auf der Hut sein. Hierzu bildet das
folgende Schlußspiel eine höchst
eigenartige Illustration.

153

E. Starck—Bischoff
(Kühlungsborn—Rostock 1966)

Schwarz hat den strategischen Plan,
Besetzung des Zentrums, zu wört-
lich genommen, als er eben d6—
d5(?) zog. Denn, das sei einmal
festgehalten, jeder Plan kann an
taktischen Imponderabilien scheitern, wenn diese falsch beurteilt
wurden. Hier jedenfalls gab es eine
merkwürdige Kettenreaktion:

1. Sd5:!   Dd2:
2. Se7:†   Kf8

(Der König muß sich persönlich
aufmachen, den Se7 zu „verhaften",
denn 2. ... Te7:? scheitert an dem
Zwischenschach auf c8.)

3. Ld2:!

(Diese überraschende Form des
Wiedernehmens mag Schwarz unter-
schätzt haben. Der Läufer strebt
nach b4.)

3. ...   Tc1:.

(Nimmt Schwarz sogleich 3. ...
Ke7:, so folgt 4. Lb4† Kd8 5. Se5:!
mit unhaltbarer Lage für Schwarz.)

4. Tc1:	Ke7:

(Te7:, Lb4)

5. Lb4†	Kd8.

(Sehr amüsant, wie der schwarze König von g8 nach d8 gelockt wurde!)

6. Sg5!

(Droht Sf7:‡.) Schwarz gab auf. Zieht er 6. ... Sb6 (Sb8, La5†), so folgt am einfachsten 7. de5:! Sg8 (Sfd7, Sf7:‡) 8. La5 usw. Das Kombinationsmotiv ist zwar alt, seine Anwendungsform aber zweifellos sehr reizvoll.

Das Kesseltreiben

154

Levy—Hope (Salisbury 1967)

An der Grenze zwischen Eröffnung und Mittelspiel heißt es nun für Weiß, einen Plan zu entwickeln, nachdem ihm Schwarz soeben etwas überraschend Ld6—f4 vorgesetzt hat. Wie ist dieser Zug zu beurteilen? Nun, mehr subjektiv als objektiv; mit anderen Worten: mehr spekulativ. Weiß hätte nun kaltblütig und sachlich richtig mit 1. Lf4: Sf4: 2. Dg4! fortsetzen sollen, da Schwarz nicht 2. ... Sg2:†

ziehen darf wegen 3. Kf1, und der Sg2 kann nicht mehr zurück. Statt dessen lockte es ihn sehr, selbst zu komplizieren, und also startete er eine „große" Kombination:

1. Se6:?	Ld2:†!
2. Kd2:	

(Da sich die weiße Dame in der e-Linie engagiert hat, muß Weiß seinen König exponieren.)

2. ...	fe6:
3. De6:†	Kh8
4. Dc6:	

(So hatte sich Weiß die Sache gedacht; allein Schwarz ebenfalls, der nun zu einem diabolischen Kesseltreiben auf den weißen König ansetzt.)

4. ...	Dg5†
5. Ke1	

(Um f2 zu schützen.)

5. ...	Tf2:!!

(Trotzdem!)

6. Kf2:

(In der Schrecksekunde übersieht Weiß den Schuß aus dem Hinterhalt, den der Lc8 abfeuert, doch ist kaum noch etwas zu machen. Falls 6. Se4, so De3† 7. Kd1 De4:, und Schwarz wird auch gewinnen.)

6. ...	De3†
7. Kf1	La6†!

(Deus ex machina ...! Die Reserve a8 wird mobilisiert.)

8. c4	Tf8†

nebst Matt. „Wer kombiniert, verliert", sagen die Pessimisten. Aber wenn die „Schwarzseher" hier Schwarz gehabt hätten, würden sie wohl anders reden . . ..

Wie der Mattangriff (miß-)glückte

Beides zur gleichen Zeit: er glückte dem Weißen, mißglückte dem Schwarzen!

155

Schamkowitsch—Visier (Mallorca 1967)

Schwarz hatte einen Mattplan „im Visier", als er nach einem Qualitätsopfer zuletzt noch auf h3 einen Springer einstehen ließ und nun mit La3—d6 das Turmmatt auf h2 drohte. Es schien ihm nun, als müsse Weiß mit Tf2 Tf2: Lg2 in ein kümmerliches Remis einwilligen, um dem Matt zu entgehen; zumal auch 1. Kh4:?? an Th2† 2. Th3 g5‡ (oder umgekehrt) scheiterte. Aber diese Stellungsbeurteilung war falsch, und damit auch der ganze Plan. Denn Weiß zog genial-einfach

   1. g5†!   Kh5
   2. Tg3!!,

womit er dem Gegner die Mattdrohung auf h2 aus der Hand schlug und selbst 3. Lf3† drohte. Dagegen gab es keine befriedigende Verteidigung, und so streckte

160

Schwarz die Waffen. Im Schach gilt noch der alte Brauch: „Du spielst auf Matt!? — Der Gegner auch!"

In den Fängen der Fesselung

156

Ivkov—Dückstein (Halle 1967)

Schwarz hatte zuletzt mit Ta6 × Ba4 den — wie er meinte — letzten Trumpf des Gegners beseitigt und beurteilte nun die Lage als Remis. Daß Weiß die bessere Bauernstellung hat, ist hier bedeutungslos; nicht aber die nach

   1. Tc4!!

entstehende Fesselung des Lb4. Und diese war es auch, die den schwarzen Rettungsplan gründlich mißglücken ließ. Die beiden schwarzen Figuren könnten sich aus eigenem nur mit Schachgeboten aus der Fesselung befreien, und diese läßt Weiß natürlich nicht zu. Eine andere Frage ist: wie kommt Weiß weiter? Nur mit dem Manöver Sd4 nebst Sc2, das jedoch erst dann aktuell wird, wenn Schwarz nicht mehr Ta1† zur Verfügung hat. Der Plan für Weiß ist also klar: g2—g3, Kf1—g2 und dann Sb3—d4. Dabei muß aber verhindert werden, daß

der schwarze König zum „Entsatz"
heraneilt. Also:

1. ...   Ke7.

(Wenn Kd7, so Sc5 mit Schach-
gebot. Zwecklos wäre auch 1. ...
Kd8 2. g3! usw.)

2. Td4!

(Damit ist der schwarze König endgültig ausgeschaltet, da er auch e6
wegen 3. Sc5†! Ke5 4. Tb4: 5. Sd3†
nicht betreten darf.)

2. ...   Kf8
3. g3   Kg7
4. Kg2   Kg6
5. Tc4

Räumt das Feld d4 für den Springer.
Ein Fehler wäre das übereilte 5.
Sc5? wegen Ta5! Schwarz gab auf,
da es gegen Sb3—d4 nebst Sc6
oder Sc2 keine Abwehr gibt. Prä-
zisionsarbeit!

Durch die Hintertür

157

Schroeder—Zinn
(Mannschaftskampf Rostock—Berlin 1967)

Weiß am Zuge. Sie sind sicher
schnell mit dem Urteil bei der
Hand: der auf d5 stehende in die
schwarze Königsstellung „hinein-
sehende" (Gutmeyer sagte: „hin-

eingähnende") Läufer und der
sprungbereite Sh4 sind ein be-
währtes Angriffsteam, das zu dem
Opfer auf g6 geradezu herausfor-
dert — um dann aber doch zwei-
felnd den Kopf zu schütteln, da es
anscheinend nicht plangemäß wei-
tergeht (Besetzung der h-Linie mit
einer schweren weißen Figur). So
dachte auch Meister Lothar Zinn,
als er sich auf diese Stellung ein-
ließ, und fiel aus allen Wolken, als
Weiß doch

1. Sg6†!   hg6:

zog — mit der verblüffenden Pointe

2. Df1!!

(Durch diese Hintertür schleicht
sich die Dame also auf die h-
Treppe!) Nun versank Schwarz in
langes Brüten, aber es gab nichts
mehr gegen Dh3† zu erfinden. Was
er schließlich spielte, bedeutete nur
ein Hinschleppen.

2. ...   Tf7
3. Lf7:   Sf8
4. Dh3†   Sh7
5. Lg6:   Dg8
6. Sg5   Lg5:
7. Lg5:   Le6
8. f4

(b4! war präziser)

8. ...   e4
9. de4:   fe4:
10. Dh7:†   Dh7:
11. Lh7:   Kh7:
12. Te4:

und Weiß gewann. „Widerstehe
den Anfängen!", das heißt: man
lasse eine solche Lage erst gar nicht
aufkommen, wenn es nur irgend-

wie zu vermeiden ist. „Das ist
genau die Situation, vor der meine
Mutter mich gewarnt hat", sagte
das Mädchen, als der junge Mann es
einlud, seine Briefmarkensammlung
zu besichtigen . . ..

Die optische Täuschung

158

Minew—Portisch (Halle 1967)

Eine imposante weiße Bauernkette
mit einem Mehr-Freibauern auf d5
als Vordermann fällt sofort ins
Auge und verheißt nichts Gutes für
Schwarz. Die Kiebitze aber, die das
„sinkende Schiff" verließen und sich
anderen Partien zuwandten, waren
baß erstaunt, als sie später am Demo-
brett die Zeichen 0:1 sahen —
was bedeutete, daß Portisch gewonnen hatte! Der letzte weiße
Zug (Sg2—h4?) war — so unwahr-
scheinlich es klingt — ein entscheidender Fehler. Es folgte nämlich

1. ...   f4!!,

womit Schwarz überraschend auf
die Achillesferse der weißen Stellung zielte: die Opfermöglichkeit
auf b3 nebst Umwandlung des
schwarzen a-Bauern. Zum Beispiel:

2. gf4: Lg4† 3. Kd2 Sd3: 4. Kd3:
Ld1!, und die Drohung Lb3: ist
nicht mehr zu parieren. Weiß sah
sich deshalb genötigt, den Bauern
g3 aufzugeben.

2. Le4   fg3:

(Aber nun taucht plötzlich die
Opferdrohung auf c4 auf, und
gegen diesen Durchbruch ist kein
brauchbarer Plan zu finden.)

3. Sg2   Lg4†
4. Kd2   Sc4:†!
5. bc4:   b3
6. Lb1   Lf5!

(Schwarz bekommt nun beide Figuren des Gegners — ein erstaunliches
Phänomen in diesem ungewöhn-
lichen Endspiel.)

7. Kc3   Lb1:
8. Kb3:   Ke5
9. Ka3:   Le4
10. Se1   g2
11. Sg2:   Lg2:

(„Der Rest ist Technik", wie man
immer sagt, wenn die Hauptarbeit
getan ist. Dennoch darf man die
Zügel nicht schleifen lassen.)

12. Ka4   Kd4
13. Kb5

(Wenn 13. d6, so Kc4:, da 14. d7
wegen Lc6† nicht zu fürchten ist.)

13. ...   Lf1!
14. d6   Lc4:†
15. Kb6   Le6
16. a4   Kd5

Weiß gab auf. Bei 17. Kc7 verwandelt sich der schwarze c-Bauer
mit Schach. Hier war die Urteils-

findung in der Ausgangsstellung schwierig, und es hätte sich sicher auch mancher andere Meister geirrt. Ein Endspiel der Sonderklasse!

Das schwierige Urteil im Turmendspiel

159

Tompa—Flesch (Ungarn-Meisterschaft 1967)

Oder sollte man vielleicht besser sagen: der schwierige Plan? Denn in obiger Stellung auf „Remis" zu plädieren, dürfte kein Kunststück sein — und eigentlich auch nicht, das Remis zu erzielen. Schwarz brauchte nämlich nur mit dem König nach d8 zu gehen, wonach die Drohung Tc5: den Gegner zur Zugwiederholung Tf8† genötigt hätte. In der Partie zog Schwarz aber den Rex nach e6

1. ...   Ke6??,

um den Bauern c5 zwangsläufig zu erobern, büßte statt dessen aber ... den Bauern c6 ein. Es kam nämlich

2. Te7†   Kf6

und nun das bekannte Manöver

3. Te8!!,

das d6—d7 droht, so daß Schwarz keine Zeit hat, den Bc5 zu schlagen.

Er muß schleunigst den Turm zur Bekämpfung des weißen Freibauern beordern:

3. ...   Te4†
4. Kf3   Td4,

wonach aber Weiß gewissermaßen als reife Frucht den Bc6 holt und leicht gewinnt:

5. Tc8   Ke6
6. Tc6:   Ta4
7. Tc7   Ta2:
8. d7   Ta3†
9. Ke2.

Schwarz gab auf. Ein Lehrbeispiel!

Die Kunst der Verteidigung

160

Trapl—Jonkovec (Harrachow 1967)

Schwarz ist am Zuge und muß sich mit den weißen Angriffsdrohungen wie f4—f5, Tf1—f3—h3 oder auch gelegentlich Lg6: auseinandersetzen. Da soviel droht und Weiß auch noch zwei Mehrbauern hat, könnte man leicht zu dem Urteil kommen: „Weiß wird gewinnen". Aber Schwarz ließ sich nicht entmutigen und fand einen Zug, der „drei Fliegen mit einer Klappe" schlug:

1. ...   De3!!

163

Dies verhindert f4—f5 wegen Dh6: und Tf3 wegen Dc1:†. Und die dritte Fliege? Anstatt 2. Tc3 De2 3. Kg1 zu probieren, spielte Weiß

2. Lg6:   fg6:
3. Dg6:†   Sg7
4. Tc7

Sicherlich erwartete Weiß nun die Kapitulation des Gegners. Indessen wurde er bitter enttäuscht:

4. ...   De5:!!

Diesen glänzenden Verteidigungsplan hatte Schwarz natürlich schon bei 1. ... De3 entworfen. Die Dame deckt g7 und ist selbst wegen Tf1:† unverletzlich. Weiß konnte noch von Glück sagen, daß ihm die stille Reserve seiner Mehrbauern ein späteres Remis ermöglichte. Manchmal kommt sich der Schachspieler wie ein Wünschelrutengänger vor, dem es obliegt, verborgene Ressourcen aufzuspüren — nur daß es eben leider keine (Schach-)Wünschelrute gibt!

Die Zwickmühle
oder: Das Kolumbusei

161

Taimanow—Smyslow
(UdSSR-Meisterschaft 1967)

Es bedarf keiner großen Meisterschaft, um das lapidare Urteil zu fällen: „Weiß steht klar im Vorteil". Er hat u. a. ein gutpostiertes Läuferpaar und vor allem einen entfernten Freibauern auf h6. Aber wie lautet der Gewinnplan? Unklar wäre 1. Kb5 Sc7† 2. Kb6: Sd5† nebst Se7: usw. Großmeister Taimanow verquickte jedoch sehr geschickt zwei Drohungen miteinander und brachte mit

1. Lf3!!

den Le4 in eine Art Zwickmühle. Schlägt dieser f3, so geht der h-Bauer zur Dame; setzt er sich in Richtung b1 oder h7 ab, so folgt Lc6 matt! Ein letzter Versuch:

1. ...   b5†
2. Kc3!

(Kb5:? Sd4†!)

2. ...   Sg5,

und fast könnte man glauben, Schwarz habe sich doch noch gerettet. Aber nun spielt Weiß einen letzten Trumpf aus:

3. h7!!

Schwarz gab auf (3. ... Sh7: 4. Le4:, 3. ... Lh7: 4. Lc6‡). Hier war es hauptsächlich die Mattlage des schwarzen Königs, die Weiß die Handhabe zu seinen prächtigen Zügen bot.

Falsches Urteil — falscher Plan

„Es ist nicht viel los", urteilte Weiß, und nahm nach 1. Td8:†? Dd8: 2. f3 Dd6 die Remisofferte seines erleichtert aufatmenden Gegners an. Warum fühlte sich dieser erleichtert? Weil ihm die prekäre Situation seines Springers auf a4 große Sorgen bereitet hatte. Und

Der betrogene Betrüger

163

162

Kollberg—Brüntrup (Colditz 1967)

in der Tat konnte Weiß in der Bildstellung mit

1. Db3!

dem Springer die Pistole auf die Brust setzen. Schwarz vermöchte ihn nur auf Kosten eines verlorenen Endspiels zu retten: 1. ... b5 2. cb5: Sb6 usw. Wahrscheinlich hatte Weiß dies sogar gesehen, aber das Gegenspiel

| 1. ... | Td1:† |
| 2. Ld1: | Dg5 (!) |

mit Angriff auf Se5 und Mattdrohung auf g2 gefürchtet. Indessen läßt sich dies auf witzige Art ad absurdum führen:

| 3. Sf3!! | Lf3: |
| 4. Df3:!, | |

und nun droht plötzlich Weiß Matt auf a8, und so kann Schwarz nichts gegen La4: tun. Eine taktische Finesse; und wäre es so gekommen: eine Delikatesse!

Mit zwei Bauern weniger kann Weiß (am Zuge) nur noch auf Angriffschancen und „betrügerische Manipulationen" (im Schachspiel erlaubt!) hoffen. So sah er hier die gegnerische Drohung Td5: und hatte sich darauf eine teuflische Parade ausgedacht: 1. ... Td5: 2. Ld5: Dd5: 3. De8:!!, wobei Schwarz der Hereingefallene wäre. Jedoch muß ja Weiß erst einmal ziehen, und da er glaubte, es sei für die eben skizzierte Wendung gleich, auf welchem Feld der e-Linie die weiße Dame stehe, zog er

1. De3?

(Relativ am besten war wohl 1. Kh1.) Jetzt jedoch drehte Schwarz mit

| 1. ... | Td5:! |
| 2. Ld5: | Dc7!! |

den Spieß um, weil er nun neben der einfachen Drohung Dd8: infolge der weißen Damenstellung auf e3 noch über die zusätzliche Teufelei Sf5†! nebst Damengewinn verfügte. Trotz angestrengten Nachdenkens fand Weiß keinen Ausweg und ließ den Td8 im Stich, worauf Schwarz das bessere Ende für sich hatte:

3. De6	Sf5†
4. Kh1	Dd8:
5. Dg8†	Kh6
6. g4	Sfg7

Weiß gab auf. So belauern sich zwei Fallensteller . . . .

Eine merkwürdige Verlust-stellung

164

Lein—Nej (UdSSR-Meisterschaft 1967)

Urteil: Schwarz hat den Lg7 tau-schen müssen und sich dadurch eine fatale Schwäche auf den schwarzen Feldern eingehandelt. Aber nach-dem es ihm nun gelungen war, die Stellung zu vereinfachen und so-eben auf c7 den letzten Turm zu tauschen, hoffte er noch mit Remis davonzukommen.
Plan: Jedoch zunächst mußte er ziehen und einen Plan fassen. Ob der geneigte Leser, wenn er sich von der Sicht des Nachziehenden aus in die Stellung vertieft, zu dem gleichen Entschluß gekommen wäre?
Fazit: Schwarz gab nämlich die Partie auf! Und das tut seinem kombinatorischen Weitblick alle Ehre an, denn die Varianten sind gar nicht so leicht zu entdecken.

Offenbar hat Schwarz nur zwei Möglichkeiten, den Bauern f7 zu verteidigen: I.

1. . . .   De8,

worauf entscheidend

2. Sg4!

folgt; z. B.

2. . . .   Sd7

(Kg7, De5†)

3. Dd7:!	Dd7:
4. Sf6†	

usw., und II.

1. . . .	f5
2. Df7†	Kh8,

wonach als Clou des ganzen der prächtige Sprung

3. Sc6!!

Schwarz zu Boden streckt. Es droht nun 4. Df6† Kg8 5. Se7‡, während 3. . . . Dc6: an 4. Df8:‡ scheitert. Erstaunlich, wie hier zwei weiße Figuren das Brett beherrschen!

Mattgedanken à la Fischer

165

Fischer—Durao
(Schacholympia, Havanna 1966)

166

Schwarz befindet sich offensichtlich in gedrückter Stimmung, Verzeihung: Stellung (aber eigentlich könnte man auch beides sagen!). Zudem sind seine schwarzen Felder bedenklich schwach. Und zu allem Überfluß überraschte ihn Bobby Fischer noch mit dem hübschen Zuge

1. Sa5:!

(Das dreiste Pferdchen ist unverletzlich: 1 ... ba5:? 2. Sf6† Ke7 3. Tb7† nebst Matt.)

1. ...	Tc7
2. Sc4	Ta7

(Nicht einmal Tc6 oder Tb7 geht wegen a5!)

3. Sb6:	Sb6:
4. Tb6:	Tda8

(Den Bauern a4 darf er wieder wegen Sf6† nicht nehmen.)

5. Sf6†	Kd8
6. Tc6!	

(Droht Td3†. Schwächer wäre 6. b3 c4!)

6. ...	Tc7
7. Td3†	Kc8
8. Tc7:†	Kc7:
9. Td7†	Kc6
10. Tf7:	c4
11. Sd7	Lc5
12. Sc5:	Kc5:
13. Tc7†	Kd5.

(Hier könnte man in Anbetracht der Folge natürlich ein Fragezeichen machen. Aber wozu? Verloren ist Schwarz bei seinem Bauernminus

in jedem Falle. — Es ist nun sehr anerkennenswert, daß Weiß sich nicht mit einem methodischen Gewinn begnügt — wie etwa 14. Ke3 Ta4: 15. Td7† nebst Td6 usw. —, sondern eine entzückende Mattstudie komponiert.)

14. b4!!

Sehr fein. Schwarz gab sofort auf. Es droht 15. Ke3 nebst 16. Tc5‡. Nimmt Schwarz aber en passant, so wird das Feld d3 für den weißen König frei, und damit taucht die Drohung c4‡ auf. Wenn aber 14. ... Ke4, so 15. Tc4:† Kd5 16. Kd3 usw.

Solche Mattgedanken unterbrechen abrupt den logischen Gang der Dinge und bringen ein irrationales Element in das Spiel. Deshalb ist Planen auf lange Sicht nur in seltenen Fällen möglich.

Mattgedanken à la Marshall

Morphy, der legendäre Meister der Kombination, Marshall, sein romantischer Nachfahre, und Fischer, der moderne Taktiker mit eiskalter Strategie und Berechnung, stammen sämtlich aus dem Land der unbegrenzten Möglichkeiten. Solche bietet auch das Schachspiel in reichem Maße. Eben erst sahen wir Fischers reizende Mattüberraschungen gegen den Portugiesen Durao. Bei dem nun folgenden Mattfeuerwerk erinnern wir uns an Marshalls unsterbliche Kombination: Lewitzky gegen Marshall, Breslau 1912 (Kg1 Dg5 Tc5 Tf1 Ba2 c2 f2 g2 h2 — Kg8 Dc3 Tf8 Th3 Sd4 Ba7 b7 e6 g7 h7). Mit dem wohl

schönsten Zuge der Schachliteratur
(1. ... Dc3—g3!!) beendete Marshall den Kampf. Und jetzt, 55 Jahre
später, machte es ihm Rossolimo
nach, ohne freilich die Originalität
des Vorbildes zu erreichen.

166

Rossolimo—Reissman
(Offene Meisterschaft, San Juan 1967)

Da es den Leser interessieren wird,
wie denn Schwarz in eine solche
haarsträubende Situation geraten
konnte, lassen wir die bis dahin
geschehenen Züge folgen.

1. e4	e5
2. Sf3	Sc6
3. Lc4	Lc5
4. c3	Sf6
5. d4	ed4:
6. cd4:	Lb4†
7. Ld2	Ld2:†
8. Sbd2:	d5

(In der Partie Mednis—Fischer,
USA 1964, geschah 8. ... Se4:
9. De2 d5. Beide Möglichkeiten
sind spielbar.)

9. ed5:	Sd5:
10. Db3	S6e7
11. o—o	c6
12. Tfe1	o—o
13. a4	b6?

(Legt den Grundstein zum Verlust.
Der schwarze Damenläufer gerät
auf ein totes Gleis. Nach letzten
Forschungen gilt 13. ... Dc7 und
— falls dann 14. Tac1 — 14. ...
Df4 als beste Spielweise.)

14. Se5!

(Richtige Einschätzung der Lage.
Weiß plant einen Königsangriff,
nachdem Schwarz im Partieaufbau
gesündigt hat.)

14. ...   Lb7

(Jedenfalls konsequent, aber auch
nötig, da 15. Sc6: Sc6: 16. Ld5: Sd4:
17. Dc4 drohte.)

15. a5!	Tc8
16. Se4	Dc7
17. a6	La8.

(„Der ist besorgt und aufgehoben!"
Doch der Herr wird keineswegs
seine Diener loben....)

18. Dh3!

(Ein sehr eindrucksvolles Beispiel,
wie durch einen Mißgriff im planvollen Partieaufbau der Gegner zu
einem blitzartigen Sturmangriff
kommen kann.)

18. ...   Sf4

(Abseits von einem gesunden strategischen Plan liegt es auch, einen
solchen Stützpunkt wie d5 zu verlassen. Aber die Drohung Ta1—
a3—g3 zehrt an den Nerven von
Schwarz.)

19. Dg4	Sed5
20. Ta3	Se6?

168

(Damit gibt Schwarz dem Gegner Gelegenheit zu einer Schönheitspreis-Kombination. 20. ... f5 21. Df4: fe4: 22. De4: hätte „nur" einen Bauern gekostet. Auf 20. ... De7 würde Weiß kräftig mit 21. Tg3 g6 22. Sc3 erwidern. Bleibt noch als ultima ratio 20. ... Sg6.)

21. Ld5:	cd5:
22. Sf6†	Kh8

Siehe Diagramm

23. Dg6!!

(Marshall redivivus!)

23. ...   Dc2

(Immerhin noch eine Idee. Wenn 23. ... fg6:, so 24. Sg6:† hg6: 25. Th3 matt. Oder 23. ... gf6: 24. Df6:† Sg7 25. Tg3 Tg8 26. Sf7:† usw.)

24. Th3!!

Zweifellos die eleganteste und auch zwingendste Methode. Schwarz gab auf, da er dem Matt nicht mehr zu entrinnen vermag. Eine reizende Kurzpartie!

Solche und ähnliche Kombinationswunder rufen immer wieder Propheten auf den Plan, die als einzig richtige Einstellung im Schach die These verkünden, man müsse „vom erste Zuge an" auf Matt spielen. Als wenn das so einfach wäre! Der Gegner ist nämlich auch noch da. Im übrigen hat schon der erste Weltmeister Steinitz als Erster erkannt, daß die Mattkombination den krönenden Abschluß bilden soll und nur selten Anfang, Mitte und Ende einer Partie beherrscht.

Und so wurde — als frappanter Fall in der Schachgeschichte — aus dem Saulus (dem Kombinationsspieler Steinitz) der Paulus (der Positionsspieler Steinitz), der als solcher dem planvollen Spiel und der objektiven Stellungsbeurteilung die erste Rolle im Schachkampf zuerteilte.

Der Stützpunkt

167

Larsen—Geller
(5. Stichkampfpartie 1966)

„Bent Larsen — Schachprinz des Westens", schrieb die „Deutsche Schachzeitung" 1966 nach seinem 5 : 4 Stichkampfsieg gegen Geller. (Ist nun Fischer der „Kronprinz"? Nimmt man Geller als Elle, dann nicht; denn gegen diesen zog Fischer meist den kürzeren!) doch einerlei: das obige Endspiel hat Larsen durchaus „prinzenhaft" gespielt. Weiß muß sich nach dem schwarzen Sprengungszug f5 entscheiden, welchem Plane er folgen soll. Das Grundurteil wird lauten: Weiß ist im Vorteil, weil seine Figuren aktiver stehen und der schwarze König auf der 8. Reihe festgehalten ist. Aber nach 1. gf5:(?) Th5: verfügt Weiß zunächst über keine

Drohungen, und Schwarz wäre dem Remis ein Stückchen nähergerückt. Dies brachte Larsen auf die interessante Idee, den g-Bauern zur Stützpunktbildung zu verwenden:

1. g5!!,

womit nicht nur weiterer Vormarsch des Bauern, sondern auch (nach g5—g6) Tf7†! droht. Dem kann Schwarz nur mit dem folgenden Manöver begegnen:

1. ...   Th2†

(Nicht aufs Geratewohl, sondern um den weißen König nach e3 zu locken und so das Bauernschach f5—f4 zu haben. Freilich hilft's auf die Dauer auch nicht.)

2. Ke3

(Verfehlt wäre z. B. 2. Kf1 Th1† 3. Kg2? wegen Th5:!, und 4. g6 scheitert an Tg5†.)

2. ...   Th5:
3. g6!   f4†

(Sonst müßte Schwarz gleich die Waffen strecken.)

4. Sf4:   Tf5
5. Tc7!

(Wieder sehr stark. Weiß benutzt die veränderte Springerstellung zu neuen Drohungen. Schwarz muß sich nun gegen Tc5:! Tc5: Se6† verteidigen.)

5. ...   Kg8

(Zwei Alternativen: I. 5. ... Ke8, worauf einfach 6. g7 Tg5 7. Tc5: folgt, und II. 5. ... Sd3, was an

6. Se6† Ke8 — Kg8, Tc8† — 7. Sg7†! nebst Sf5: scheitert.)

6. Tc8†!

Schwarz gab auf. Um den g-Bauern nicht durchzulassen, müßte er 6. ... Kg7 ziehen und so wieder 7. Tc5:! Tc5: 8. Se6† in Kauf nehmen. Man spricht immer von ungleichen Läufern. Aber könnte man hier nicht ebensogut von „ungleichen Springern" reden?

Die konsternierten Zuschauer

168

Böök—Halfdánarson
(Revkiavik 1966)

Der weiße Angriffsplan hatte, obwohl nicht ganz stichhaltig, vollen Erfolg, da Schwarz in der Verteidigung strauchelte. Er beurteilte die Gefahr zu gering, als er mit

1. ...   Ka8??

dem weißen Turmschach auswich. (Mit 1. ... Sb6! hätte er statt dessen die besseren Chancen behauptet.) Nach dem Textzug konnte Finnlands Altmeister eine Bombenüberraschung anbringen:

2. Sd5!!,

und die verblüfften Zuschauer mußten erleben, daß Halfdánarson nach kurzem Überlegen die Waffen streckte. Es dauerte einige Zeit, bis sie die Tücke der Stellung erkannten. Wenn I. 2. ... Dc2:, so 3. Sc7‡, und II. 2. ... cd5:, so 3. Ta7:!!† Ka7: 4. Da4† bzw. 3. ... Da7: 4. Dc6† nebst Matt. Es bliebe also nur III. 2. ... Tc8, worauf einfach 3. Dc5: Sc5: 4. Sb6† usw. materiell den Tag für Weiß entscheidet. Augenzwinkernd meint Eero E. Böök in der „Deutschen Schachzeitung": „Die Kombination habe ich eigentlich nicht selbst gefunden, sondern die Idee einige Wochen vor dem Turnier in einem russischen Lehrbuch gesehen. Das hätte ich aber nicht erzählen sollen ...".

Warum nicht? Das ist doch eine gute Propaganda für die Schachbücher! Urteil: Bücher lesen nützt der Spielstärke! Plan: Wir kaufen uns „Urteil und Plan"! (Naja, Scherz muß sein. Denn wenn Sie dies lesen, haben Sie's ja schon!)

Der Generalabtausch

Oder man könnte hier auch sagen: Der „General" Abtausch, denn

169

Janosevic—Kavalek
(Harrachow 1966)

dieser Titel käme der folgenden Kombination wohl zu.

Weiß steht „auf Krawall", und dennoch geht es nicht mit Donner und Blitz. Zum Beispiel 1. Dh6 Df7 2. Sg6:†? Dg6:†!, mit Schach. Falls aber (nach 1. Dh6 Df7) 2. Kh1, um dem Schach auszuweichen, so 2. ... Te8! 3. Tg1? Te7:!

„Ach was", sagte sich Weiß, „warum soll ich mir mit Angriffswendungen den Kopf zerbrechen, wenn ich einen Freibauern zur Dame führen kann?" Der skeptische Leser meint vielleicht, dies sei hier ebenso schwierig wie mattzusetzen. Aber wozu haben wir denn den „General", der alle Figuren zwangsläufig kurzerhand abtauschte? Und zwar so:

1. f7!	Tf7:

(Da Df6 matt droht, hat Schwarz keine Wahl.)

2. Tf7:	Df7:
3. De5†	Dg7
4. Db8†!	

(Das ist Feldherrnkunst! Schwarz muß nun auch den Läufer zum Tausch stellen.)

4. ...	Lg8
5. Dg8:†!	Dg8:
6. Sg8:	b4

(Das Ersatzkorps kommt zu spät. Aber bei 6. ... Kg8: 7. c6 verwandelt sich der weiße c-Bauer sofort.)

7. Sf6!

Schwarz gab auf. Sein Bauer wird aufgehalten, der weiße marschiert (und wird vom „General" mit dem Marschallstab dekoriert!).

Ein Handstreich

170

Unzicker—Antoschin
(Sotschi 1965)

Großmeister Wolfgang Unzicker, neben dem Dresdener „Wolfgang" (Uhlmann) Deutschlands stärkster Schachspieler, überlistete hier seinen sowjetischen Kollegen auf höchst witzige Weise. Die Bildstellung versinnbildlicht eine Situation, in der man alles mögliche planen kann, doch etwas Zwangsläufiges ist nicht darunter. „Mit Sturm ist da nichts einzunehmen. Wir müssen uns zur List bequemen" (Mephistopheles). Diesem „teuflischen" Rat folgte Unzicker und zog

    1. Ld5!

(Beobachtet c4 und f7. Das Nahziel ist aber Te8:† Te8: Lc6. Mit 1. ... Te1:† 2. Te1: Da7! konnte jetzt Schwarz alles parieren und den Kampf noch offen halten.)

    1. ...   Sb2?

(Der Optimist macht oftmals ... nun, da brauchen Sie bloß seine letzte Silbe zu lesen. „Der Zug

172

läßt die Dame schutzlos. Gerade dieses scheinbar nebensächliche Detail ermöglicht eine schlagfertige, sofort entscheidende Kombination", bemerkte seinerzeit die „Deutsche Schachzeitung". „Nebensächlich" ist so etwas nie, denn — wie in jedem Lehrbuch zu lesen ist — man soll möglichst jede Figur gedeckt halten; vor allem aber natürlich die Dame!)

    2. Lf7:†!!

(Prachtvoll gespielt. Schwarz muß nehmen.)

    2. ...   Kf7:
    3. Dd5†   Kf8
    4. Ld6†

(„Der Verderber naht"; ein Lieblingsausdruck Georg Marcos.)

    4. ...   Te7.

(Bittere Notwendigkeit. Wenn 4. ... Le7, so 5. Te7:! Te7: 6. De6! mit dreifacher Drohung auf e7 und c8 bzw. Damengewinn durch Le7:†.)

    5. Te6!

(Ein zweiter Keulenschlag. Es droht nicht nur Le7:† nebst Tb6:, sondern auch 6. Tf6:†! gf6: 7. De6, z. B. Da7 8. Tce1 Tc7 9. Tf6:† gf6: 10. De6 Sd3 11. Df6:† Ke8 12. Dh8† Kd7 13. Te7:† Kd6: 14. Df6† Kd5 15. De6† nebst Dd6† nach einer Analyse von Unzicker.)

    5. ...   Td8

(Nützt auch nicht viel. Weiß wickelt zu einem gewonnenen Endspiel ab.)

    6. Le7:†   Le7:

| 7. Tb6: | Td5: |
| 8. Tb2: | |

Schwarz gab auf. Er hat ohne Gegenchancen die Qualität weniger. Ovid würde dazu sagen: „Pia fraus" (Frommer Betrug). Oder, nach Joh. Gottfr. Seume: „Betrügen und betrogen werden; nichts ist gewöhnlicher auf Erden." Setzen wir statt „ . . . auf Erden" „ . . . im Schach", dann haben wir richtig geurteilt. Ob auch richtig geplant? Warten wir es ab. „Uns ruhen noch im Zeitenschoße die dunklen und die heiter'n Lose"! (Schiller).

Die Flinte ins Korn werfen . . .

. . . oder das Steuerruder loslassen bzw. der Schrecksekunde erliegen, das alles paßt zu der nachstehenden von Schwarz ganz falsch beurteilten Stellung.

171

Langeweg—Krabbé
Meisterschaft von Holland, Zierikzee 1967)

Übrigens — auch Weiß (am Zuge) war der irrigen Ansicht, besser, wenn nicht auf Gewinn, zu stehen. Diese beiderseitige Fehleinschätzung hatte hauptsächlich psychologische Gründe, indem nämlich Weiß über lange Strecken der Partie

die Führung besaß und den Gegner bedrängte. Dies änderte sich aber unmerklich, als er mit g6 × h7 die h-Linie schloß und so dem schwarzen König ein relativ sicheres Asyl verschaffte. Der Schluß der Partie war von ungewöhnlicher Kürze (und Fehlerhaftigkeit):

1. Lh3

(? Freilich: was sonst?)

| 1. . . . | Ld7? |
| 2. Lf5(!) | |

Schwarz gab auf (??).
Warum gab Schwarz auf und faßte statt dessen nicht den Plan, seine eigenen zweifellos vorhandenen Angriffsenergien zu mobilisieren? Also:

2. . . .   Tc2!

(Droht Df2† samt Matt.)

3. Tf1

(Wenn Weiß mit 3. Tg2 Tc1† 4. Tc1: Dc1:† 5. Kf2 fortsetzt, gerät er noch in Verlustgefahr: 5. . . . Dd2† 6. Kg3? Df4† 7. Kh3 Lf5:† 8. ef5: Df5:† mit besserem Endspiel für Schwarz; oder hier 6. Kf3 Dd3:† 7. Kg4? De4:† usw.)

3. . . .	Tc1!
4. Tc1:	Dc1:†
5. Kg2	Dc2†!
6. Kh3?	De4:!!,

und Weiß müßte wieder mit

7. Ld7:(!)

(Df7:?? Lf5:†)

7. . . .   Dg6:

173

8. Tg6:   Td7:

in ein hier klar verlorenes Endspiel einlenken. Also besteht die beste Möglichkeit für Weiß darin, ein ewiges Schach zuzulassen.
Ist der schwarze Angriff schon so stark, wenn der weiße Läufer bereits auf f5 steht, um wieviel mehr muß er es sein, wenn sich dieser noch auf h3 (und der eigene Läufer auf c6) befindet, weil dann die Verdreifachung in der f-Linie ihre volle Kraft entfalten kann. Das ist eigentlich eine ganz naheliegende Überlegung, und man muß sich wundern, daß Meister Krabbé seine eigene Stärke so unterschätzte. Er mußte auf

1. Lh3

mit

1. . . .   Tc2!

erwidern (nicht aber 1. . . . Te2, weil nach 2. Tf1 Te1 3. Te1: Df2†

4. Kh1 De1:† Weiß mit 5. Tg1 dazwischenziehen kann. Das ist bei 1. . . . Tc2! nicht möglich.)

2. Tf1.

(Anders ist Df2† nicht zu parieren. Bei 2. Tg2? kann sogar amüsant Dc1†! geschehen, und auf 2. Lg2? spielt Schwarz selbstredend nicht Df2†?, sondern 2. . . . Tc1†! samt Matt. Freilich ist auch der Textzug ungenügend.)

2. . . .   Tc1!
3. Tc1:   Dc1:†
4. Kg2   Df1‡

Auch der Versuch, nach 2. . . . Tc1! mit 3. Df7: die Dame für zwei Türme zu geben, mißlingt, da Schwarz 3. . . . Tf1:† einschaltet.
Wieder eine der taktisch zugespitzten Stellungen, die zwischen Remis, Verlust und Gewinn schwanken — ja nach dem schwankenden Urteil der Schachfreunde! Lehrreich für alle.

174

Walter de Gruyter
Berlin · New York

Max Euwe

Schach von A—Z

Vollständige Anleitung zum Schachspiel

2. Auflage
Oktav. 194 Seiten. 1966. Kartoniert DM 16,—
ISBN 3 11 000745 2

Max Euwe

Positions- und Kombinationsspiel im Schach

4., verbesserte Auflage
Mit 133 Diagrammen. VIII, 109 Seiten. 1971.
Kartoniert DM 18,—   ISBN 3 11 003641 X
ISBN 3 11 003641 X

Max Euwe

Feldherrnkunst im Schach

Deutsche Übersetzung von Kurt Richter
Oktav. 108 Seiten. 1970. Kartoniert DM 14,80
ISBN 3 11 000778 9

.

Dr. Max Euwe —
Eine Auswahl seiner besten Partien

Mit Originalbeiträgen führender Meister
Herausgegeben von Kurt Richter und Rudolf Teschner
Oktav. 160 Seiten. 1965. Kartoniert DM 12,80
ISBN 3 11 000769 X

Preisänderungen vorbehalten

Walter de Gruyter
Berlin · New York

Preisänderungen vorbehalten